遥感异常识别、找矿模型与成矿预测

——以桂北九万大山矿集区为例

成永生　著

·长　沙·

前言

Foreword

矿产资源是不可再生的一次资源，是人类社会生存和发展的基本条件。矿产资源的稀缺性、不可再生性和多用途性决定了矿产资源具有特殊的战略价值，对保障经济安全和国防安全具有重要意义。自21世纪以来，矿产资源需求出现了新形势与新问题，一方面是人类对矿产资源量及其种类需求的不断扩大，另一方面则是已知矿产资源的短缺和找矿难度的不断提升。据统计资料显示，作为全球发展最为迅速的经济体，中国已成为国际有色金属市场最具影响力的中心之一，特别是我国城镇化、工业化的高速发展拉动了以有色金属为原料的基础设施建设。现阶段我国经济高速发展带动了金属消费量的持续增长，导致国内矿产资源供应紧张甚至短缺，金属进口量和对外依存度逐年增大。

自20世纪70年代以来，国外发现的100多个贵重有色金属大型－超大型矿床，近60%发现于已知矿床周围。这足以证明，目前我国存在资源短缺问题的危机矿山外围及其深部仍然具有巨大的找矿潜力。近年来，我国大力推行的《全国危机矿山可接替资源找矿计划纲要》，主要目标是在有资源潜力和市场需求的老矿山周边或深部新发现并查明一批储量，延长矿山服务年限，强调新理论、新技术、新方法找矿的创新体系和坚持深边部及外围找矿的战略方向。《国家中长期科学和技术发展规划纲要(2006—2020年)》中明确指出："矿产资源高效开发利用""资源勘探增储"为国家重点领域优先资助主题，并明确提出其主要发展思路为："突破复杂地质条件限制，扩大现有资源储量。重点研究地质成矿规律，发展矿山深边部评价与高效勘探技术，努力发现一批大型后备资源基地，增加资源供给量。"然而，"突破复杂地质条件限制，扩大现有资源储量"的关键在于对控矿因素、成矿规律、矿床成因、矿体定位等问题的创新与发展，尤其是需要清醒认识深部隐伏矿体的复杂成矿条件，创新隐伏盲矿体的空间定位预测机制，突破已有的经验模式和传统理论的桎梏，通过理论与方法的创新来实现资源勘探增储。

桂北九万大山矿集区位于扬子准地台、华南加里东褶皱带与桂西印支期褶皱带的过渡部位，江南台隆南缘的桂北地区，夹于广西融水县、融安县和贵州省之间。该区成矿条件优越、勘探历史悠久、矿产资源丰富、矿床类型多样、找矿潜力巨大，被视为我国锡铜铅锌等多金属矿产的重要矿业基地。

自明代以来，我国丹池地区的矿业开发就十分盛行，宋应星所著《天工开物》

便记载了当时锡矿开采之盛况。中华人民共和国成立前，一批地质学家先后到桂北地区开展过地质矿产考察研究，初步确定了桂北地区地层层序、构造轮廓以及矿产种类和分布特点，代表性成果见之于李四光所著的《中国地质学》(1939)、《广西地台之轮廓》(1941)、《南岭何在》(1943)，赵金科所著的《广西地层发育史》(1940)，黄汲清著《中国主要构造单位》(1945)等。中华人民共和国成立后，该区地质工作更是十分繁荣且突飞猛进，一大批国内外地质工作者积极投身于该区地质研究，包括陈毓川、裴荣富、黄民智、毛景文、宋叔和、刘元镇、尹国栋、杨冀民、彭大良、陈晴勋、杨丽贞、李人科、骆良羽、李泽世、王思源、黄民智、陈志雄等，主要聚焦于南岭地区燕山期与花岗岩类有关的有色及稀有金属矿床成矿系列、古老基底上雪峰期与黑云母花岗岩有关的锡铜多金属矿床成矿系列、广西原生锡矿床的地质特征及其成矿规律、丹洲群底砾岩中新发现的含锡电英岩砾石、四堡群由火山喷气作用形成的层纹状电英岩锡矿化体、九万大山－元宝山地区科马提岩、宝坛地区铜－镍硫化物矿床成因类型、花岗岩形成与演化对锡多金属矿床的控制机理等。通过长期不懈的地质研究，发现了桂北地区锡矿化作用始于早元古宙，证明了花岗岩是锡多金属矿床形成的主要控制因素，揭示了宝坛地区铜－镍硫化物矿床属同生火山岩型，诸如这些新发现与新成果为该区地质找矿以及矿业开发的迅猛发展提供了重要科学依据。桂北成矿区带先后完成了全部1:20万和部分地区1:5万的区调工作，发现了一大批矿产以及矿化点。自1965年底开始，广西壮族自治区第七地质队历时4年时间，对元宝山东侧南北长约7 km、东西宽约3 km范围的矿产开展了详细普查工作。广西地质矿产局、广西冶金地质勘探公司、广西有色金属地质勘探公司等地勘单位通过对已知金属矿产资源的勘探与开发，发现且建成了一批新的矿产基地。目前，桂北矿集区已成为我国稀有、稀土、钨、锡、铅、锌、锑等的重要矿业基地。

然而，矿业发展至今，露天矿与地表矿已越来越少，深部隐伏矿勘探迫在眉睫，运用新理论和新方法指导新形势下的地质找矿工作刻不容缓。遥感技术具有宏观、综合、经济、高效等特点，比常规地质方法投入少且见效快，能够大大缩短研究工作周期，对于地形条件差、交通困难的山区或偏远地区，更能够显示出独特优势，备受地质勘探工作者青睐。桂北九万大山矿集区属深山密林区，气候温暖，山势陡峻，植被茂盛且覆盖面积广，运用传统地质找矿方法周期长、难度大、成本高、效果差。遥感技术则可以克服以上缺点，不仅能够节约大量的人力、物力和财力，还可以收到极好的找矿勘探成效，为矿产资源的可持续发展提供重要支撑。

本研究运用遥感技术方法与手段，结合现代成矿理论与找矿方法，借鉴国内外遥感技术找矿勘探的成功经验，探索桂北九万大山矿集区的遥感找矿预测。首先开展了研究区的资料收集工作，获得了区域地质、矿床地质以及卫星遥感资料；对成矿地质背景、成矿条件、控矿因素等开展了深入分析；对卫星遥感影像进行了初步解译。然后，通过野外地质工作收集了大量第一手资料，重点开展了区域地质以及矿床地质的现场研究，包括地层、构造、岩浆岩、矿化体等，采集了岩矿石标本；最后，利用现代数字图像处理技术对遥感影像进行了综合解译，对矿化蚀变信息进行了提取，发现了一批新的异常；对三大类遥感找矿信息(地层—岩体信息、线性构造信息、环形构造信息)开展了专题研究；对锡矿床成矿模式进行了深入探索，建立了地质找矿模型和遥感找矿模型；形成了遥感地质找矿的总体思路与基本框架，提出了有利找矿方向和找矿远景预测靶区，为九万大山矿集区矿业开发提供了重要科学依据。

限于水平和能力，错误与不足之处在所难免，敬请专家和学者批评指正！

成永生

2017 年 8 月于中南大学

目录

Contents

第 1 章　绪　论 ………………………………………………………………… (1)

1.1　遥感技术与遥感系统 ………………………………………………… (1)
1.2　遥感异常与成矿预测 ………………………………………………… (2)
1.3　工区开发与研究历史 ………………………………………………… (3)
1.4　主要工作内容 ………………………………………………………… (4)
1.5　目的与意义 …………………………………………………………… (5)
1.6　思路与方法 …………………………………………………………… (6)
1.7　小结 …………………………………………………………………… (6)

第 2 章　区域地质背景 ……………………………………………………… (7)

2.1　区域地层特征 ………………………………………………………… (7)
2.2　区域构造特征 ………………………………………………………… (10)
2.3　岩浆岩特征 …………………………………………………………… (13)
2.4　小结 …………………………………………………………………… (14)

第 3 章　矿床地质特征 ……………………………………………………… (15)

3.1　一洞－五地锡多金属矿床地质特征 ………………………………… (15)
3.2　红岗－沙坪－大坡岭锡铜多金属矿床地质特征 …………………… (22)
3.3　铜聋山铜铅锌矿点地质特征 ………………………………………… (27)
3.4　九毛－六秀锡多金属矿床地质特征 ………………………………… (28)
3.5　都郎锡矿化点地质特征 ……………………………………………… (33)
3.6　九溪铜铅锌萤石矿点地质特征 ……………………………………… (35)
3.7　甲龙锡铜多金属矿地质特征 ………………………………………… (36)
3.8　下里锑矿地质特征 …………………………………………………… (37)
3.9　甲报锡铜多金属矿点地质特征 ……………………………………… (38)

3.10 归柳锡铜多金属矿点地质特征 …… (40)
3.11 上坎－下坎金矿点地质特征 …… (40)
3.12 达言村锡铜多金属矿床地质特征 …… (42)
3.13 思耕锡矿地质特征 …… (43)
3.14 小结 …… (44)

第4章 遥感图像特征与预处理 …… (45)

4.1 遥感数据源 …… (45)
4.2 遥感图像预处理 …… (47)
4.2.1 图像镶嵌 …… (47)
4.2.2 几何校正 …… (48)
4.2.3 子区选取 …… (48)
4.2.4 GPS定位 …… (48)
4.3 遥感图像多元数据分析及预解译 …… (49)
4.3.1 最佳波段组合 …… (49)
4.3.2 图像反差增强 …… (51)
4.3.3 图像解译 …… (52)
4.3.4 主成分分析 …… (53)
4.4 小结 …… (55)

第5章 遥感构造蚀变信息提取 …… (56)

5.1 遥感信息提取方法 …… (56)
5.1.1 K－L变换 …… (56)
5.1.2 代数运算 …… (57)
5.1.3 彩色分割 …… (58)
5.1.4 假彩色增强 …… (59)
5.1.5 *IHS*变换 …… (60)
5.2 遥感信息提取思路与流程 …… (61)
5.3 子区遥感构造蚀变信息提取 …… (62)
5.3.1 一洞－五地矿区信息提取 …… (62)
5.3.2 红岗－沙坪－大坡岭矿区信息提取 …… (64)
5.3.3 铜聋山矿区信息提取 …… (66)
5.3.4 九毛－六秀矿区信息提取 …… (68)
5.3.5 都郎矿区信息提取 …… (70)

5.3.6 九溪矿区信息提取 …………………………………… (72)
5.3.7 甲龙矿区信息提取 …………………………………… (74)
5.3.8 下里矿区信息提取 …………………………………… (76)
5.3.9 甲报矿区信息提取 …………………………………… (78)
5.3.10 归柳矿区信息提取 …………………………………… (80)
5.3.11 上坎－下坎矿区信息提取 ………………………………… (81)
5.3.12 达言村矿区信息提取 …………………………………… (84)
5.3.13 思耕矿区信息提取 …………………………………… (86)
5.4 小结 …………………………………………………… (88)

第6章 遥感成矿信息提取专题研究 ……………………………… (89)

6.1 地层－岩体信息解译及研究 ………………………………… (89)
6.1.1 建立解译标志 ……………………………………… (89)
6.1.2 地层－岩体信息综合解译 ……………………………… (90)
6.1.3 地层与矿产关系 ……………………………………… (90)
6.1.4 侵入体缓冲分析 ……………………………………… (90)
6.2 线性构造研究 ………………………………………… (91)
6.2.1 线性构造影像特征 …………………………………… (91)
6.2.2 线性构造提取算法 …………………………………… (92)
6.2.3 线性构造分形分析 …………………………………… (93)
6.2.4 线性构造控矿特点 …………………………………… (97)
6.3 环形构造研究 ………………………………………… (98)
6.3.1 环形构造研究现状 …………………………………… (98)
6.3.2 环形构造特点与形成机制 ……………………………… (98)
6.3.3 环形构造提取算法 …………………………………… (99)
6.3.4 环形构造控矿规律 …………………………………… (99)
6.4 小结 …………………………………………………… (102)

第7章 找矿模型与成矿预测 …………………………………… (103)

7.1 成矿模式 ……………………………………………… (103)
7.2 遥感预测找矿模型 ……………………………………… (105)
7.2.1 建模思路及流程 ……………………………………… (105)
7.2.2 地质找矿模型 ……………………………………… (106)
7.2.3 遥感找矿模型 ……………………………………… (110)

7.3 成矿预测 …………………………………………………… (112)
7.3.1 主要依据 …………………………………………………… (112)
7.3.2 预测区划分 …………………………………………………… (112)
7.3.3 预测区特征 …………………………………………………… (113)
7.4 小结 …………………………………………………… (114)

第8章 问题与建议 …………………………………………………… (115)

8.1 主要问题 …………………………………………………… (115)
8.2 工作建议 …………………………………………………… (115)

结束语 …………………………………………………… (117)

参考文献 …………………………………………………… (119)

彩　图 …………………………………………………… (123)

第1章 绪 论

1.1 遥感技术与遥感系统

遥感技术发展至今，已经在实用化的方向上取得了长足进步[1]，诸如光机扫描遥感器、大型固体线阵或面阵探测器件(CCD)的推帚式扫描成像光谱技术等，大大推动了遥感技术的进一步发展。美国在遥感技术领域处于领先地位，其为国土调查、地质找矿所拍摄的彩红外航片已覆盖整个国土面积的85%左右。几十年来，许多国家为国土勘查、气象、海洋等用途发射了许多卫星，通过不断改进，各方面性能都有了很大提高，如增加了波谱段、提高了分辨率、改善了数据精度等。法国于1986年发射了第一颗SPOT卫星，该卫星图像数据分辨率较高，达到10~20 m。日本于1992年发射了JERS-1卫星，其携带有多波段扫描仪，并具有立体成像功能。加拿大于1995年11月4日发射了世界上第一颗主动遥感卫星——加拿大雷达卫星。另外，苏联、以色列、印度等国家在卫星发射方面也有很大的突破，并在某些卫星性能上做了很大改进，这些成果都极大地推动了世界遥感技术的进一步发展与升级。

我国遥感技术起步于20世纪70年代，几十年来，在国家的重点支持下取得了长足发展[2-3]，连续四个“五年计划”都被列为国家重点科技攻关项目，并把遥感技术作为国民经济建设35项关键技术之一。目前，我国已发射了极轨和静止气象卫星(风云系列)、海洋卫星、资源环境卫星等，初步形成了对地观测体系，并将形成气象卫星、海洋卫星、资源卫星等三大类卫星系列。此外，我国还成功发射了清华一号微小卫星和神舟宇宙飞船携带的中分辨率成像光谱仪(CMODIS)和多模态微波遥感器，实现了对地球的全天候观测。我国机载对地观测系统在经过“七五”“八五”“九五”之后也取得了很大进步，成为世界上少数的先进航空遥感综合系统之一。另外，我国已基本建成了全国卫星遥感信息接收处理分发体系。

随着卫星遥感技术的飞速发展，遥感的应用领域也逐步拓展[2,3,4]，诸如地质、气象、环境、土地利用、城市规划、自然灾害监测等，尤其是高光谱遥感和定量遥感技术的迅猛发展，更加拓宽了其应用领域与应用层面。在遥感的基础研究方面，我国也取得了很大的成就，通过对电磁波在大气、土壤、植被、岩石及水体中传输规律的研究，建立了一系列的遥感信息模型，尤其是以“李小文”命名的地物二向反射分布的几何光学模型，在国际上处于领先地位。我国科学家针对热红外遥感中非同温混合像元的发射率概念模型，发展了热红外辐射方向特性模型，并建立了遥感信息定量反演模型，发展了基于先验知识的遥感定量反演方法；通过热红外辐射方向性模型，精确反演了地表温度和发射率。

遥感地质找矿是一种新的找矿方法和手段，国内外利用遥感找矿取得成功的例子很多。我国西部大开发为助推遥感技术的广泛应用提供了更为广阔的平台，如中国地质调查局于 2001 年批准"阿尔金西段、阿尔金东段、西昆仑、公格尔山等地区遥感找矿异常提取方法研究"项目，其中"西昆仑地区遥感找矿异常提取方法研究"子项目利用多波段遥感数据，在新疆塔什库尔干地区约 29000 km^2范围内，量化圈定可能与成矿围岩蚀变矿物分布有关的遥感异常区，收到了良好的效果。

1.2 遥感异常与成矿预测

随着遥感技术的快速发展，特别是信息获取和信息处理技术的不断完善和提高，遥感在矿产资源勘查中的应用也越来越受到重视[5, 6, 7]。作为地质调查的一种新的方法和手段，它具有视域宽广、经济快效等特点，比常规地质方法投入资金少，而且见效快，大大缩短了研究周期，尤其是对于地形条件差、交通困难的地区，遥感方法更显示出独特优越性[8, 9]。

遥感图像含有丰富的图形信息和波谱信息，遥感找矿主要是利用遥感图像的图形信息和波谱信息开展工作[10, 11]。

1. 利用遥感图像上的图形信息指导找矿

遥感图像上的图形信息是由于地物波谱特征差异和地形起伏等原因使得遥感图像上出现各种各样的几何形状，最常见的为线、弧、环、纹理等，在数字化遥感图像上，它们表现为像元亮度值按特定的规律组合或有规律地变化，线性影像和环形影像是遥感图像上两种最常见的图形信息，在地质找矿中的应用也最为广泛。

2. 利用地物波谱信息进行找矿

同一地物对光的反射率随着光的波长不同而变化，不同地物对同一波长的光的反射率会存在差异，这种差异通过地物的反射波谱特征反映出来。不同的矿物、岩石、土壤、植物、水体等，均有其独特的波谱特征。地质找矿中通常应用矿体、矿化岩石、蚀变岩石的波谱信息以及矿化区植物异常的波谱信息来进行找矿。

利用矿化区岩石、土壤和植物的波谱异常信息指导找矿[12, 13, 14]，首先要研究这些波谱异常的特点，然后选用相应的航空或航天遥感资料，对其波谱信息进行数值分析，在此基础上，用信息提取的方法把矿化异常区与其他区域区分开来。因此，一般应包括以下几个方面的研究工作：

①矿化岩石、土壤和植物波谱特征的研究[15, 16]。通常，采用实验室测试和野

外实地测试两种方法。野外波谱特征的测试可采用便携式波谱测试仪来完成，根据测试结果绘制出矿化区岩石、土壤和植物的波谱特征曲线。

②根据矿化区岩石、土壤和植物波谱异常特征，选用合适的遥感资料。一般选用 ETM 数据效果较好，在选择波段时应考虑选择异常反应最明显的那些波段。

③数据处理和信息提取。根据矿化岩石、土壤和植物波谱异常的特征，对遥感图像上每个像元的多波谱数值特征进行系统分析，找出与矿化异常波谱特征具有相类似数值特征的像元，进行归类，划分出不同级别的找矿预测靶区。

3. 利用多元信息复合分析指导找矿

由于地质现象的复杂性和多样性，找矿工作通常要综合利用多种方法，综合分析多元信息，才能取得较好的效果。找矿勘查工作中，一般要利用各种地质资料(如各种地质图件、野外采样分析数据、地球物理探测数据、化探数据、遥感数据等)进行综合对比与分析，以确定最佳找矿远景靶区。

多元信息复合分析的具体工作步骤主要包括：①多元信息资料的数字化、网格化和编码；②多元信息资料的空间配准；③多元信息资料的叠合处理；④多元信息资料的复合分析和成矿信息的自动提取。

4. 利用“3S”(RS、GPS、GIS)技术指导找矿

“3S”技术在找矿中的应用，一方面表现为 RS、GPS 和 GIS 这三种技术本身在找矿中的广泛应用，另一方面表现为这三种技术的有机结合，形成以 GIS 为核心、RS 和 GPS 为数据采集和更新的有效手段的现代化找矿技术系统，其特点在于对空间数据进行自动化管理和分析。

1.3 工区开发与研究历史

早自隋唐时代(公元 7 世纪初)和北宋年间，广西就有开采铁、锡、金和铅的记载[17]。明代，丹池一带采矿已相当盛行，原生矿和砂矿皆采，宋应星在其所著的《天工开物》中已明确地记载了该地采锡盛况。

中华人民共和国成立前，一批地质学家先后到桂北地区进行过地质矿产考察研究[17, 18]，初步确定了桂北地区地层层序、构造轮廓以及矿产种类和分布特点。当时的代表性成果见之于李四光所著的《中国地质学》(1939)、《广西地台之轮廓》(1941)、《南岭何在》(1943)，赵金科所著的《广西地层发育史》(1940)，黄汲清著《中国主要构造单位》(1945)等。

中华人民共和国成立后，许多地质工作者在该区开展了更为广泛而深入的研究[17, 19]，促使地质矿产工作产生了突飞猛进的进展。1965 年底广西壮族自治区第七地质队进入元宝山东侧进行普查找矿工作，其主要任务是根据 1∶20 万区测重砂资料及 1∶5 万金测资料，寻找锡铜矿露头，查明锡铜矿露头分布，对已发现的矿脉开展揭露工作，控制矿脉地表分布规模，查明锡铜矿品位、厚度变化、成矿地质条件，在历时4年多的时间里，该队在南北全长约7 km、东西宽约3 km范围内开展了锡铜矿普查工作。陈毓川(1983)，陈毓川、黄民智等(1985)和陈毓川、裴荣富等(1989)深入研究了南岭地区燕山期与花岗岩类有关的有色及稀有金属矿床成矿系列。毛景文(1987)和毛景文、宋叔和、陈毓川(1988)初步研究了古老基底上雪峰期与黑云母花岗岩有关的锡铜多金属矿床成矿系列。刘元镇等(1985)、尹国栋(1985)和杨冀民(1989)探讨了广西原生锡矿床的地质特征和成矿规律。以上研究均证明了花岗岩及其生成演化是锡多金属矿床形成的主要控制因素。彭大良等(1987)在丹洲群底砾岩中发现有含锡电英岩砾石，毛景文、陈晴勋等(1988)在四堡群中找到了由火山喷气作用所形成的层纹状电英岩锡矿化体，从而证明了桂北地区的锡矿化作用始于早元古宙。杨丽贞等(1987)、毛景文(1987)、毛景文等(1988)在九万大山－元宝山地区发现科马提岩，随即宝坛地区的铜－镍硫化物矿床被证实为同生的火山岩型矿床。

自1995年以来，桂北地区先后完成了全部1∶20万和部分地区1∶5万的区调工作，并发现了一大批矿产和矿化点。广西地质矿产局、广西冶金地质勘探公司及广西有色金属地质勘探公司在研究区内对已知金属矿产进行了勘探，发现一批新的矿产基地。目前，桂北地区已成为我国重要的稀有、稀土、钨、锡、铅、锌、锑等矿产基地之一。

1.4 主要工作内容

本次研究依据地质找矿理论以及遥感找矿预测方法有计划、有步骤地展开，同时结合研究区的地理条件、地质概况以及本次遥感找矿的总体目的和要求，开展了以下主要研究工作：

(1)收集了工作区地质资料，对成矿地质背景、成矿条件、控矿因素等进行了详细分析。

(2)开展了野外现场调研，对桂北区带宝坛地区和元宝山地区成矿地质背景、控矿构造、矿床特征等进行了现场考查，调查了19个锡多金属矿点。

(3)购买了工作区卫星遥感数据，对桂北成矿带近3000平方公里的遥感数据进行了计算机处理，提取了有关的构造信息和矿化信息。

(4)对桂北地区预处理后的卫星遥感图像进行了详细的地质解译，发现了部分与成矿有关的大型构造。

(5)根据工区区域地质以及矿化蚀变等信息，运用遥感图像处理方法组合对卫星遥感图像进行了详细解译，提取了矿化蚀变信息，进一步缩小并圈定了找矿预测靶区。

(6)对三类遥感找矿信息(地层－岩体信息、线性构造信息、环形构造信息)进行了专题分析，利用分形分析方法对线性构造进行了重点研究，揭示了不同地区的线性构造基本特征及分形特性，对三类遥感找矿信息与成矿作用的关系进行了深入探讨。

(7)通过对卫星遥感图像的解译以及成矿地质背景的深入分析，建立了地质找矿模型以及遥感找矿模型。

(8)提出了开展进一步找矿勘探工作的新思路与新方法，划分且确立了若干找矿远景预测靶区。

1.5　目的与意义

我国是世界矿产资源大国，矿产资源种类丰富，目前已发现171种矿产资源，已探明储量的矿产有156种，约占世界矿产总量的12%，仅次于美国和俄罗斯，居世界第3位，但人均资源占有量仅为世界人均占有量的58%，列世界第53位。随着我国国民经济的持续快速发展，矿产资源消耗速度也几乎与经济规模同步增大，原有矿产储量消耗较大，后备资源储量增长速度已经滞后于消耗速度，新探明的矿产储量不足以弥补每年消耗的储量，整个矿业界面临矿产资源后备储量不足的问题，矿产资源对社会的支持力度正呈下降趋势。据预测，在对国家建设起支撑作用的45种矿产中，已有10多种矿产探明储量不能满足国家建设需要，至2010年，半数以上的矿产未满足要求，到2020年将仅有6种能保证需要[20]。然而，矿业发展至今，露天矿、地表矿已越来越少，为实现矿业的可持续发展，人们将视线转移到深伏的盲矿体。因此，必须运用新的理论和方法来指导新形势下的找矿工作。遥感由于其具有的宏观、综合、经济、高效等特点而受到地质勘探工作者的青睐，成为一种高效的找矿技术手段。

桂北区带九万大山成矿区位于广西壮族自治区北部的融水县、融安县和贵州省之间，属深山密林区，气候温暖，山势陡峻，植被茂盛且覆盖面积广，运用传统的地质找矿方法进行找矿周期长、难度大、成本高、效果差。然而，运用遥感技术在该区开展找矿工作可以克服以上缺点[21, 22]，在节约大量的人力、物力、财力的同时也可收到良好的找矿勘探效果，为该成矿区带矿产资源的可持续发展提供良好保证。

本次研究工作运用遥感技术方法和手段[23, 24, 25]，结合传统的地质找矿理论和方法，借鉴国内外的成功经验[26, 27]，借助遥感图像处理软件，对工区卫星遥感图像进行处理[28]，提取矿化蚀变信息，缩小并圈定矿化区，最终提出找矿远景预测靶区，因此，提高了找矿速度，缩短了找矿周期，节约了找矿成本。同时结合前人研究成果，进一步分析了该区的控矿条件、矿床特征以及矿床成因，形成了本区的总体成矿模式，最终建立了地质找矿模型和遥感找矿模型。

1.6 思路与方法

本次桂北九万大山矿集区遥感找矿研究工作是在前人的基础上开展的，是该区找矿工作史上的一次重要战略行动，将以此带动整个矿集区找矿工作的蓬勃发展，也可为该区矿产资源的可持续发展提供重要的资源保障。由于前人在该区的地质找矿方面已做了大量的工作，对诸多矿床的成矿理论也已有了较好认识，因此，在该区开展找矿工作必须运用新的思路和方法，在传统找矿理论的指导下结合新型的技术手段是本区找矿突破的关键所在。

本次找矿工作运用新兴的遥感技术手段，基于传统的地质找矿理论和方法，结合现代成矿理论研究新进展，借鉴国内外遥感找矿的诸多成功经验，开展本次遥感找矿预测研究工作。首先，进行研究区的资料收集工作，获得该区的地质资料以及遥感数据资料，针对已有地质资料对工作区的成矿地质背景、成矿条件、控矿因素等进行详细的分析，并对遥感图像进行初步解译[29, 30]，同时结合前人研究成果，对工作区形成一个初步的认识；然后，通过野外地质工作收集第一手资料，主要是进行野外实地踏勘工作，其中包括矿化点检查以及采用 GPS 技术对矿点进行定位、构造检查、采集标本等，通过这一系列的工作对矿区形成一个总体的认识，同时发现一些新的问题，且对下一步工作形成总体思路，在此基础上，进行室内资料整理以及综合分析，利用现代数字图像处理技术对该研究区的遥感图像进行综合解译和矿化蚀变信息提取[31, 32]，力图发现一些新的异常区，同时结合该区已有的地质资料以及野外工作所收集的资料，进行深入的分析研究工作，对该区的成矿模式进行探讨，并对三类遥感找矿信息（地层 - 岩体信息、线性构造信息、环形构造信息）进行专题研究，分析其与成矿、控矿的关系。结合前人研究成果，建立地质找矿模型以及遥感找矿模型，初步形成该区遥感地质找矿的总体框架。最后，从构造控矿、矿源层、矿化蚀变信息以及区域地质背景等多元找矿信息的角度提出若干找矿远景预测靶区，为矿集区今后的地质找矿工作提供关键科学依据。

1.7 小结

遥感找矿技术在遥感应用领域具有十分悠久的历史，国内外更有许多成功的典型经验与案例。本章内容首先介绍了遥感卫星与遥感技术及其发展现状与主要进展，阐述了遥感异常信息识别在成矿预测中的实际应用，同时结合本次研究工作的总体概况，简要叙述了工作区的矿业开发与地质研究历史、主要工作内容、研究的目的与意义、工作思路与方法等。

第 2 章　区域地质背景

本区位于扬子准地台、华南加里东褶皱带与桂西印支期褶皱带的过渡部位，江南台隆南缘的桂北地区[17, 18, 19]，夹于广西壮族自治区北部的融水县、融安县和贵州省之间(图 2－1)，地理坐标为东经 108°43′26.1″～109°26′52.3″，北纬 23°54′51.8″～25°30′47.1″，东西长约 70 km，南北宽 60 km，面积约 3400 km²。

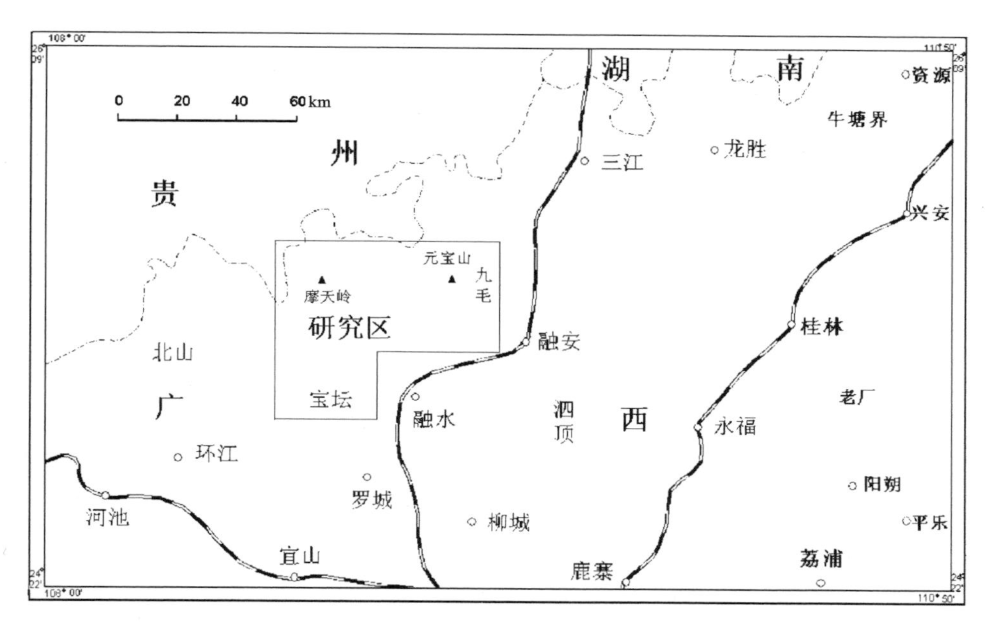

图 2－1　工区地理位置图

2.1　区域地层特征

该区分布有下－中元古宇至下－上古生界石炭系的地层。下－中元古宇四堡群为本区出露的最老地层，构成本区的下部褶皱基底；上元古宇－下古生界冒地槽型沉积构成上部褶皱基底；上古生界泥盆系、石炭系主要为地台型沉积。其中，四堡群是本区锡、铜、铅、锌多金属矿床的主要容矿围岩，对本区成矿起着决定性作用。

1. 四堡群

四堡群广泛分布于宝坛地区和元宝山黑云母花岗岩体周围，主要为一套半深海相砂泥质复理石建造夹基性 - 超基性火山岩。四堡群自下而上可进一步分为文通组和鱼西组。

文通组：下段为以陆源碎屑杂砂岩为主，夹少量基性火山岩，厚度大于655 m。上段为复理石砂页岩和基性 - 超基性海相火山岩组合，厚 2515 m；基性 - 超基性岩岩石类型有类玄武质科马提岩 - 玄武岩、基性火山角砾岩 - 凝灰岩及层状基性 - 超基性岩，三者分别占地层厚度的 10.4%、11.1% 和 44.6%。

鱼西组：为浅变质的复理石砂页岩夹少量中酸性火山碎屑岩，厚 671 ~ 1500 m；在局部地段，鱼西组的中下部也夹有数层镁铁质 - 超镁铁质熔岩。

四堡群的变质泥岩和变质粉砂岩的 K_2O 含量分别为 3.90% 和 4.23%，$n(K_2O)/n(Na_2O)$ 分别为 5.2% 和 11.1%。这些值均较高，表明这些沉积物具有较高的成熟度，是大陆地壳演化到一定阶段的产物。四堡群的板岩的稀土元素特征为：稀土配分曲线为右倾“V”字形、富轻稀土、Eu 明显亏损；这些与北美页岩的特征相似，均具有上陆壳泥质岩类稀土分布特征，显示四堡群沉积物主要为陆源。

鱼西组与上覆丹洲群以角度不整合接触。

2. 丹洲群

丹洲群属上元古宇地层，广泛分布于九万大山一带。1985 年以前，学界沿用湖南“板溪群”，因其岩性、岩相与湖南板溪群有较大差别，1985 年以后，用“丹洲群”以示区别。丹洲群以角度不整合覆于四堡群及四堡期本洞花岗闪长岩体之上，该群底部的底砾岩中有花岗闪长岩砾石和含锡电英岩砾石。丹洲群是一套由灰黑色、灰绿色变质砂泥岩夹少量碳酸盐岩组成的浅海 - 半深海相地槽型沉积，发育复理石韵律和鲍马序列，显示浊流特征；厚度近 5000 m。

丹洲群自下而上亦可划分为三个组：白竹组、合桐组和拱桐组。

白竹组：上部为灰黑色钙质片岩、大理岩、白云岩，顶部夹 4 ~ 20 cm 的赤铁矿石条带；下部为灰色变质砾岩、含砾粗砂岩、绢英片岩、千枚岩。底砾石有四堡期花岗闪长岩，偶见含锡电英岩砾石。沉积海盆具有西浅东深特征，沉降中心在合桐以东。本组厚 264 ~ 979 m。

合桐组：主要为灰黑色千枚岩、变质砂岩；上部以千枚岩为主，含炭质，具复理石韵律；在龙胜三门一带岩系的中 - 上部为细碧角斑岩系，由细碧岩、中基性熔岩、黑色千枚岩、大理岩构成，厚 664 ~ 1025 m，并发育有顺层基性 - 超基性岩。一般自下而上，砂质减少，泥质、炭质增多；厚度西部小，向东增大，显示海盆具有西浅东深特征；厚度 308 ~ 2008 m。

拱桐组：灰绿色板岩、千枚岩、变质砂岩、粉砂岩，局部含凝灰质，夹含铁薄层砂层、白云岩，复理石韵律明显，一般下部砂岩多，上部砂岩少，东部砂岩多，西部砂岩少，显示当时海盆具有东浅西深特征，厚384～1793 m。

在拱桐组之上为震旦系，二者之间部分为平行不整合关系，局部表现为整合接触。

3. 震旦系

震旦系主要发育于桂北九万大山－元宝山地区，主要为一套浅变质的含砾泥岩、含砾砂岩、砂质泥岩和硅质岩。根据岩性特征，可将震旦系分为下、中、上统。

下统：长安组主要为灰绿色块状含砾泥岩、含砾砂岩夹变质细砂岩、粉砂岩、板岩；厚度125～2186 m。

中统：下部为富禄组，为杂色砂岩、泥岩夹白云岩，底部有低品位铁矿（即三江式赤铁矿、铁质砂岩和含铁硅质岩），厚度80～875 m；上部南沱组为绿灰色含砾砂岩、含砾泥岩、含砾板岩、夹砂岩、粉砂岩、泥质白云岩，厚度50～1413 m。富禄组和南沱组的形成环境当属扬子古板块南缘陆坡沉积区。

上统：总体为一套显示闭塞水动力弱的较深水环境的地层，沉积厚度较小，显示物源不足，地壳渐趋稳定。其中陡山沱组为灰黑色页岩、碳质页岩夹硅质页岩、白云岩，局部有磷、锰、黄铁矿和石煤层，厚度27～157 m；老堡组为灰黑色硅质岩间夹碳质页岩，局部微含磷，厚度25～228 m。

本区震旦系长安组与富禄组、南沱组与陡山沱组之间均为平行不整合接触。震旦系受加里东运动的强烈影响而隆起并遭受风化剥蚀。

4. 寒武系

寒武系在本区分布较广，为厚达数千米陆源碎屑砂页岩和少量硅质岩、碳酸盐岩，具有明显的复理石、类复理石沉积特征。下寒武统清溪组为灰黑色砂页岩，下部夹硅质岩，富含黄铁矿、磷结核及V、U、Mo等元素，反映闭塞的还原环境，厚度391～1937 m；上寒武统边溪组为石英砂岩与页岩组成的复理石建造，夹灰岩，含漂游的球结子和三叶虫化石，显示海盆已渐趋开放，并与广阔的赣粤海相连，厚度638～1220 m。

5. 泥盆系

本研究区由于郁南运动的影响，缺失奥陶系和志留系地层，使泥盆系地层成为本区加里东（广西）运动发生的褶皱隆起后的第一个地台沉积盖层。由于古地形差异，海水由南西向北东方向漫侵，使泥盆系地层的岩相变化很大。其主要分布于本研究区的西、南、东部及其外围；在江南古陆外缘沉积三角洲相的碎屑岩，往外形成台地滨海相泥灰岩、灰岩、白云岩和泥岩夹砂岩，以及台沟深水相灰岩、硅质岩、黑色泥岩夹白云岩。海侵规模从早泥盆世到晚泥盆世不断增大。

6. 石炭系

石炭系主要分布于本研究区的西、南、东部外围，主要为海相碳酸盐岩，其次为海陆交互相碎屑岩，局部发育有硅质岩。

2.2 区域构造特征

本研究区位于扬子准地台、华南加里东褶皱带与桂西印支期褶皱带的过渡部位，江南台隆南缘的九万大山褶穹带，其南界大致在罗城北 - 寿城一带，东界为三江 - 融安断裂带。本区是在经历了早 - 中元古宇地槽和晚元古宇 - 早古生代地槽发展，经广西运动才成为海西 - 印支构造发展阶段的隆起。

该区曾被作为“江南古陆”或“江南台隆”的一部分，任纪舜等曾指出：江南台隆是扬子准地台东南缘一个长期活动的隆起带，构造上具有明显的过渡性，因此，一些人把它当做扬子准地台的边缘隆起带；另一些人则认为它是华南加里东地槽的边缘地背斜带。然而，黔南三都至黔桂交界处和融水附近，泥盆系呈不整合于寒武系地层之上，以及该区发育的厚达 700 ~ 4400 m 的震旦系和 1700 m 厚的寒武系地层，显示该区曾是较深的海盆环境，在广西运动中才褶皱隆起，应是华南加里东地槽的一部分，有异于广西运动中以升隆运动形成的扬子准地台。这也说明该区可能并不存在“江南古陆”。

四堡群的陆源复理石沉积和层状基性 - 超基性岩经武陵运动，形成了近东西向线状褶皱，这些褶皱两翼倾角在 50°以上，在地表呈轴面南倾的同斜倒转褶皱，并伴有与褶皱轴面产状一致的逆冲断层，构成复杂的叠瓦状构造；但五地至一洞矿区勘探资料显示，褶曲轴面往深部转为北倾，轴面倒转位置由北部红岗山区海拔 1000 m 以上降至南部五地一带的海拔 400 m。

四堡群近东西向褶皱被北北东向的池洞、四堡等大断裂横切，夹于这两条断裂之间的红岗山块体自北而南发育有黄峰山倒转背斜、烟岭倒转向斜、红岗山倒转背斜、长驾山倒转向斜和五地倒转背斜，特别是以凝灰岩和层状基性 - 超基性岩作标志层勾绘出的背斜轮廓最为清晰。这些倒转褶皱具有西窄东宽、北窄南宽的特点。

据董宝林等研究，四堡群曾经历了三次构造变形：第一次变形，形成了近东西向的紧闭褶皱，表现为由绢云母和绿泥石等片状矿物定向排列显示出来的区域性轴面劈理与层理有一角度相交；第二次变形，表现为早期褶皱轴面向北倒转的同轴异面褶皱叠加；第三次变形为北北东向褶皱的叠加，致使近东西向线状褶皱枢纽发生了波状起伏，形成了南北成列的小背斜。当然，上述的第一、二次变形可能是一个连续的变形过程。

本区在晚元古宙早期发生了北东或北北东向张裂沉陷，发育了丹洲群陆源碎屑浊积岩，东部的龙胜地区张裂强烈，发育较多细碧角斑岩和基性－超基性岩。本区雪峰运动并不十分明显，震旦系地层与丹洲群之间呈整合或平行不整合接触，主要表现为摩天岭－三防和元宝山等雪峰期花岗岩体产出，这可能与摩天岭－元宝山地区受到龙胜海槽扩张时向西挤压有关；丹洲群－寒武系的褶皱主要是广西运动作用的结果，同时也受四堡群构造及四堡期和雪峰期花岗岩体的制约，形成以摩天岭－三防岩体和元宝山岩体为中心的北北东向宽阔的复式褶皱，两翼倾角20°～40°，并沿丹洲群白竹组底部千枚岩和变质砂岩、顶部大理岩和含钙千枚岩及合桐组上段黑色千枚岩层，这三个软质岩层内形成三个变形强烈的"层形变形份"，发育一系列平卧、侧卧、歪斜褶皱、劈理、拉伸线理等构造。

与本区近东西向褶皱构造相伴生的区域性大断裂为北北东向，这些断裂规模较大，向北延入湘黔境内，在航天遥感图像上影像十分醒目，它们控制着丹洲群和震旦系的沉积、火山活动和雪峰期花岗岩的侵入，有的断裂还控制着泥盆系和石炭系沉积，表明这些大断裂具有多期次活动特征，自西向东依次有：

1. 池洞断裂

池洞断裂位于腊洞－池洞－三岔一线，总体走向北东10°～15°，根据其地质特征，可分为三段：北段、中段倾向西，倾角40°～65°，中段存在有与摩天岭－三防花岗岩基大致吻合的低重力值(－150 mgl)；南段倾向东，倾角70°左右。沿该段有大寨花岗闪长体和平英花岗岩体侵入，但是该断裂又切割了四堡群－震旦系、泥盆系及大寨、平英和摩天岭岩体。其最南段与四堡断裂一起共同控制了宝坛泥盆纪的指状海湾。上述特征表明该断裂具有明显的多期次活动特征，目前，地质特征显示该断裂中－北段东盘上升、西盘下降，南段东盘下降、西盘上升，为正断裂性质。

2. 四堡断裂

四堡断裂沿宝坛－四堡一线展布，其走向为北东26°左右，倾向北西西，倾角60°～70°，破碎带内片理化、构造透镜体和糜棱岩化发育，断裂带宽度20～150 m；沿断裂破碎带有四堡期龙有、蒙洞口、洞格花岗闪长岩体和雪峰期六庙花岗岩体侵入。该断裂与池洞断裂一起共同控制了宝坛泥盆纪的指状海湾，其南段还控制了其两侧泥盆系和石炭系沉积；该断裂也同样切割了这些岩体和泥盆系地层，同样表明该断裂具有明显的多期次活动特征，断裂在通过龙有花岗闪长岩与中泥盆统白云岩地层之间，显示出先张后压扭的特征(图2－2)；在宝坛白石铅锌矿区，断裂通过六庙花岗岩与中泥盆统粉砂质泥岩接触带时，断裂带岩石破碎、硅化强烈，并伴随有铅锌矿化和黄铁矿化。在布伽重力异常图上，断裂在摩天岭和元宝山两处存在两个重力低值区(－105～－90 mgl)。

3. 平垌岭断裂

平垌岭断裂由平垌岭经元宝山岩体西侧北延进入湖南。该断裂分三段，南段

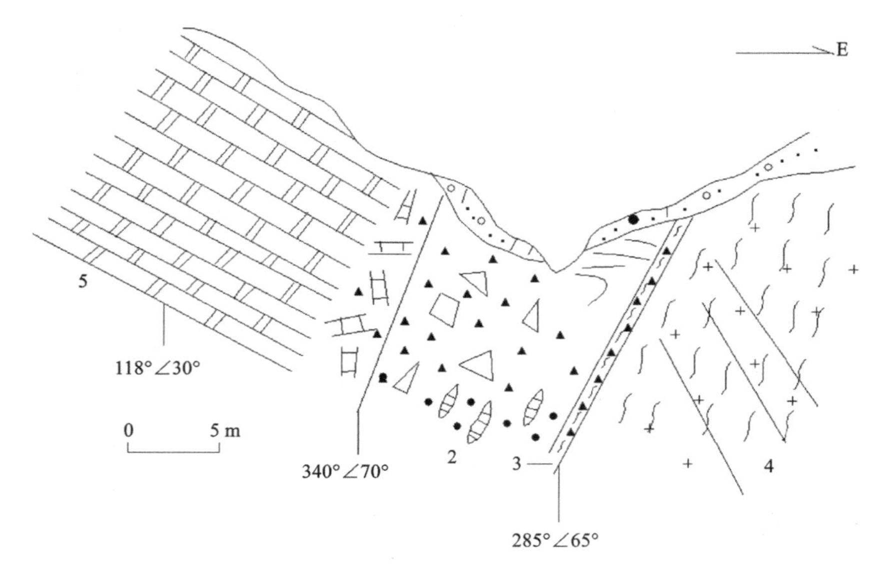

图 2－2　四堡断裂素描图

（据李耀中等，1986）

1—片理化花岗闪长岩；2—第一次张性角砾岩；3—第二次压剪性破碎带；4—第三次压剪性次级裂隙；5—上泥盆统桂林组白云岩

走向北东 30°，中段为北东 15°，北段为北东 40°，断裂面倾向北西－北西西，倾角 40°～75°。该断裂在区域布格重力异常图中，异常等值线发生了明显的扭曲。断裂南段为正断层性质，并具右行剪切特征，其控制了震旦系和泥盆系沉积楔，往南在桂中台陷控制了泥盆系和石炭系沉积；断裂北段为逆断层，丹洲群和震旦系地层逆冲于震旦系和寒武系地层之上。

4. 三江－融安断裂

三江－融安断裂由融安经丹洲、三江，向北延入湖南，再通过元宝山岩体东侧地段，该断裂由两条主干断裂组成，是桂北最重要的深大断裂。断裂走向由南段的北东 10°逐步转变为北段的北东 25°，断裂倾向北西西，倾角 40°～80°，一般在 70°左右。该断裂控制了丹洲群和震旦系地层的沉积：断裂带西侧丹洲群内不发育火山岩，厚度 300～600 m，只有少量基性－超基性岩，且震旦系地层厚度较大，碎屑岩的颗粒较细；而断裂带内及以东地区丹洲群合桐组发育细碧角斑岩和较多基性－超基性岩，厚度达 2000 m，震旦系地层厚度较薄，碎屑岩颗粒较细小，因此，沿该断裂带存在有呈串珠状分布的航磁正异常。该断裂还使丹洲群和震旦系地层逆冲于震旦系和寒武系地层之上，其南延伸部分控制了泥盆系和石炭系沉积，并切割了泥盆系和石炭系地层，这些特征均表明该断裂为多期次活动断裂。

2.3　岩浆岩特征

桂北地区岩浆活动频繁，四堡早期有大量镁铁质 - 超镁铁质岩浆的喷发和侵入，四堡晚期有本洞、峒马、大寨、洞格、龙有、才滚和香粉等花岗闪长岩体沿北北东向断裂侵位。雪峰期主要有三防、元宝山、平英、清明山、田蓬和良水等黑云母花岗岩岩体的侵入，雪峰期的这组岩体与本区内的锡多金属矿床成矿系列在时空上具有密切的因果联系。

(1)四堡早期的镁铁质 - 超镁铁质岩。

九万大山 - 元宝山地区的镁铁质 - 超镁铁质岩，根据其岩性和矿化特征可划分为三防 - 宝坛区和元宝山区。

三防 - 宝坛地区的四堡期岩浆活动以镁铁质岩浆为主，超镁铁质岩往往呈似分异状，在熔岩下部形成堆积体；镁铁质岩在本区广泛发育，有同期喷出的层状熔体，呈似层状或侵入状的次火山岩体。在该套镁铁质岩内广泛发育较弱的铜镍硫化物矿化，具有工业意义的铜镍硫化物矿床只存在于部分呈似分异状的超镁铁质岩堆积体下部。

元宝山地区，四堡期岩浆活动基本上以超镁铁质岩浆为主，在局部可见超镁铁质熔岩上部存在有分异出的少量镁铁质岩；该区的矿化以铂 - 钯和钴 - 镍为特征，但迄今尚未发现有工业价值的矿床。

此外，在四堡期镁铁 - 超镁质岩浆活动期间，除了发育有铜 - 镍 - 钴矿化和铂 - 钯矿化外，还发育有同生层纹状电英岩型锡矿化。另外，一些与岩浆活动有关的典型喷气岩，如电英岩、石英石榴石岩和石英钠长石岩也出现于元宝山地区。

(2)四堡晚期的花岗闪长岩体。

四堡晚期的花岗闪长岩体均沿北北东向断裂侵位，这些岩体包括本洞、峒马、大寨、洞格、龙有、才滚和香粉等。

本洞岩体为本区最具代表性的中酸性侵入岩体，其侵入于四堡群地层内，被丹洲群覆盖，岩性为花岗闪长岩，其他岩体主要为英云闪长岩，本洞岩体出露面积 31 km^2，伍实测得岩体内锆石 U - Pb 年龄为 1100 Ma，Rb - Sr 等时线年龄为 1063 Ma；表明其形成于四堡晚期，是南岭地区最古老的岩体之一。

对于本洞花岗闪长岩的成因，莫柱孙等认为是基性岩浆分异的产物；王德滋等则认为是江南古岛弧元古宙蛇绿岩套的组成部分，属于幔源型花岗岩；地矿部南岭花岗岩专题组则认为其既不同于大洋斜长花岗岩，也不同于大陆基性岩浆的分异产物，而是由四堡群中基性岩部分熔融作用形成的“Ⅰ”型花岗岩。陈毓川等认为四堡晚期的云英闪长岩 - 花岗闪长岩的成岩物质主要来源于陆壳，但具有地幔物质特征，即由四堡群下部的物质重熔形成；原因是四堡群地层中含有较多地幔来源的镁铁质岩，而陆壳物质又属年轻陆壳，因此，这些岩体在某些稳定同位素、微量元素成分上反映出地幔物质所占比例较大的特点。

(3)雪峰期的黑云母花岗岩体。

本区雪峰期主要有三防、元宝山、平英、清明山、田蓬和良水等岩体的侵入，雪峰期的这组岩体与本区内的锡多金属矿床成矿系列在时空上有着密切的成因联系。雪峰期岩体多为同源岩浆的复式侵入体，主要为黑云母二长花岗岩和钾长花岗岩，晚期的小岩株、岩脉多属碱长花岗岩；此外，摩天岭岩体北端为片麻状黑云母碱长花岗斑岩。

雪峰期岩体的岩石化学成分特征显示：在 $SiO_2/10-(CaO+MgO)-(Na_2O+K_2O)$ 三角图中，这些岩体均集中分布于 $SiO_2/10-(Na_2O+K_2O)$ 边部的中间小三角区内，反映出这些岩体具有明显的富硅富碱特征。在 $(Fe_2O_3+FeO+MgO)-CaO-(Na_2O+K_2O)$ 的三角图中，这些岩体集中分布于 (Na_2O+K_2O) 角小区内，这些岩体与 J. G. 布洛克利总结的世界含锡花岗岩一样，是富含碱金属的花岗岩，且均具有 $K_2O>Na_2O$ 的特点。雪峰期这些岩体的分异指数均较高，为 86 ~ 96.92，与 J. G. 布洛克利总结的世界含锡花岗岩的分异指数(88.1 ~ 95.7)相一致。

李纯杰和陈毓川对本区雪峰期花岗岩进行了较系统的研究，结果表明，这些岩体为富含锡、钨、铜、铅、锌、锑等成矿元素的岩体，为本区的多金属矿床提供了充足的成矿物质。

雪峰期花岗岩从早到晚依次为：碱长花岗岩→片麻状似斑状花岗岩→中－细粒黑云母花岗岩→细粒黑云母花岗岩，稀土元素特征值 $\sum$REE、LREE/HREE、Eu/Sm、La/Yb 等都逐步降低，稀土元素分布形式从中等负铕异常的右倾斜曲线逐步转变为高负铕异常的近水平的狭长“V”字形曲线。

本区雪峰期酸性岩体应为四堡群深层位或及其以下地层重熔形成的岩浆向上侵位冷凝结晶形成的。这些岩体多为同源岩浆的复式侵入体，从早期侵入到晚期侵入的稀土元素特征变化主要是由岩浆分异作用形成的，对于第三次侵入的高负铕异常的、轻重稀土比值相近的花岗岩一般可视为经过二次重熔的花岗岩，对本区的锡等成矿极为有利。

2.4 小结

区域地质背景对成矿起着决定性作用，一定的地质背景产出一定的矿床类型，当然，一定的矿床类型也能指示一定的成矿背景。本章在结合前人研究成果的基础上重点对研究区的区域地质概况进行了详细的介绍，主要包括研究区的区域地层特征、区域构造特征以及岩浆岩特征等内容。

第 3 章　矿床地质特征

本研究区矿产资源丰富、矿床类型多样，目前已发现锡多金属矿床、锡铜多金属矿床、铜 - 铅 - 锌矿床、铅 - 锌矿床和锑矿床等多种矿床类型。由于矿床类型各异，成矿地质背景也不尽相同，因此，各矿床的地质特征不尽相同，本章将对研究区的矿床地质特征分别进行介绍[17, 18, 19]。

3.1　一洞 - 五地锡多金属矿床地质特征

一洞 - 五地锡多金属矿床是本研究区最大的锡多金属矿床，位于平英黑云母花岗岩体南部东侧，距宝坛乡 7 ~ 8 km 处。

1. 矿区地层

矿区内仅出露元古宙四堡群浅变质岩系，四堡群自下而上可进一步分为文通组和鱼西组。

四堡群文通组(Ptsw)：分布于矿区中部和南部。岩性主要为深灰色、灰绿色变质粉砂岩、砂质板岩，下部夹有多层镁铁质喷出杂岩。杂岩中的暗色矿物全部为闪石类矿物，由于变质作用，斜长石部分变为斜黝帘石和绿帘石。另外，在文通组顶部有一层流动构造、枕状构造和气孔状构造发育的镁铁质熔岩。

四堡群鱼西组(Ptsy)：分布于矿区北部，主要岩性为一套灰色砂岩、粉砂岩及泥岩。这些岩层呈交替出现，组成规模不等的韵律层，其中砂岩中的交错层理比较发育。

岩石化学分析资料表明，文通组和鱼西组的碎屑岩的成分基本相似，以高硅、铝低钙为特征，化学活动性较差，往往不利于交代成矿作用的进行。相反，本区的镁铁质岩，具有富钙、铁而贫硅的特征，具有良好的化学活动性，在雪峰期花岗岩体的侵入作用下，在其中发育强烈的交代成矿作用，十分利于成矿元素的沉淀。

本区的镁铁质岩和粉砂岩都是锡多金属矿体的围岩，镁铁质岩由于本身性脆、内部裂隙发育以及本身的化学活动性，为成矿提供了较好的空间条件，本矿区 60% ~70% 的矿石赋存于其内；而变质砂岩和粉砂岩中的矿石仅占 25% ~30%，其余的赋存于雪峰期花岗岩体内部。

2. 矿区构造

五地倒转复式背斜是矿区内最古老的褶皱构造，其轴向近东西，向东倾伏，倾伏角 30°～45°，褶皱向西延伸方向被区域的北北东向 F_1 断裂切断；F_1 断裂长达数十公里，它与五地倒转复式背斜共同控制着平英黑云母花岗岩体的侵位。

由 F_1 断裂所派生的一系列北东向断裂平行排列，这些次级断裂均向南东倾斜，倾角 50°～80°。由于应力场性质反复转换，本区北东向断裂呈现出多次活动特征，断裂性质呈现出压性、张性和扭性等特点。本矿区内，发育有 9 条北东向断裂，这些断裂自北西向南东分别相应控制着 411、421、431、441、451、461、471、481 和 491 等 9 条矿带。

矿区南部的 F_2 断裂呈西西向横贯全区，其北盘上升、南盘下降，对上述矿带产生了较大的破坏作用，被其切割的上述 9 条矿带在其南盘埋深较大，至今尚未找到较好的矿体。

本区的另一组近东西向控矿断裂构造规模小，仅出现于平英花岗岩体周围，与接触带基本平行，断裂倾向北东 10°～25°，倾角 15°～30°，均为正断层；其控制了 74、75、76、77、78 和 79 号矿脉。

3. 岩浆岩

平英黑云母花岗岩是该矿区范围内唯一出露地表的雪峰期岩体，其在地表出露面积不大。平英黑云母花岗体由主体中粒、中细粒黑云母花岗岩和细粒黑云母花岗岩的小岩盆、岩脉构成。这两阶段黑云母花岗岩的主要造岩矿物组合为：微斜长石、斜长石、石英和黑云母。其中，斜长石的 An 为 1.2%～7.14%，平均为 3%；钾长石含 Or 为 93.65%～96%。平英黑云母花岗岩为贫铁镁质岩体，其中 $FeO + Fe_2O_3$ 含量低于 1.8%，MgO 含量不高于 0.4%；岩体中富含硅碱组分，SiO_2 含量平均为 76%，$K_2O + Na_2O$ 含量为 7%～8%。分异指数 DI 在 83.74 至 97.88 之间，平均为 91.20。在 $SiO_2/10-(CaO+MgO)-(Na_2O+K_2O)$ 和 $(Fe_2O_3+FeO+MgO)-CaO-(Na_2O+K_2O)$ 等系列图解中，平英两阶段黑云母花岗岩体与 J. G. 布洛克利总结的世界含锡花岗岩一样，是富硅富碱金属的花岗岩，表明平英两阶段花岗岩均已演化成标准的含锡花岗岩。

平英黑云母花岗体的主体中粒、中细粒黑云母花岗岩与云英岩型锡矿化、电英岩型锡矿化、石英脉型锡矿化成因联系，而后期的细粒黑云母花岗岩的小岩盆、岩脉与锡石硫化物型锡矿化有成因联系。在空间上，黑云母花岗岩的隐伏隆起部位往往是锡多金属矿化发育集中地段。平英黑云母花岗岩体在地表以下呈 30°倾角向东倾斜，由于受近东西向复式褶皱和北东向断裂的控制，在这些部位，隐伏岩体的侵位必然增高，使隐伏岩体的顶面凹凸不平，上述构造复合部位使隐伏岩体隆起，有利于矿质的集中，并提供了良好的成矿空间，使矿体成群分布。

另据彭大良的地球物理资料显示（图 3－1）：平英花岗岩体及两侧的田蓬和

清明山花岗岩体在深部可能连接在一起，构成一个巨大的下部隐伏的花岗岩体，这可能也是宝坛地区能构成矿化集中区的内在原因。

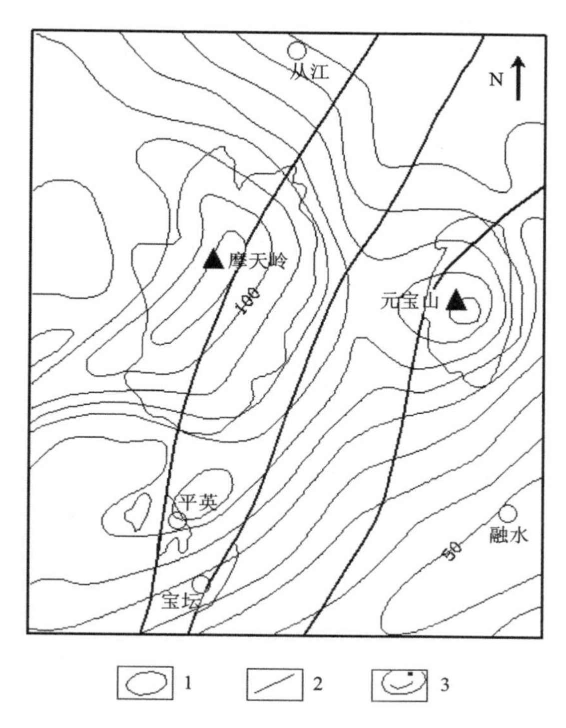

图 3 －1　九万大山－元宝山地区黑云母花岗岩及其反映的布伽重力低异常示意图

（据彭大良、冼柏琪，1986）

1—花岗岩体；2—大断裂；3—布伽重力等值线

4. 矿体特征

本区锡多金属矿体明显受断裂构造控制，根据断裂构造的走向，可分为北北东向、近东西向和近南北向三组矿带。

北北东向矿带：如图 3 －2 所示，从平英黑云母花岗岩体往东，存在呈平行排列的 9 条矿带，走向北北东，倾角 50°～80°。其中，431 矿带规模最大，延伸长达 2000 m，其北部大矿团拥有全矿区一半以上储量；其次为 451 矿带，延伸长约 800 m，该带南端与 F_2 断裂相交处的猫背梁矿体不仅储量较大，而且在其成因方面也颇具典型意义。其余的 7 条矿带延长较短，矿化较差。隐伏花岗岩体隆起追踪四堡期近东西向褶皱构造呈东西向展布，由于本区北东向断裂构造北东向断裂控制了花岗岩岩隆侵位和矿化集中发育，因此，北东向矿带中的矿体断续产出，在地表呈现为南北成带、东西成行的特点。

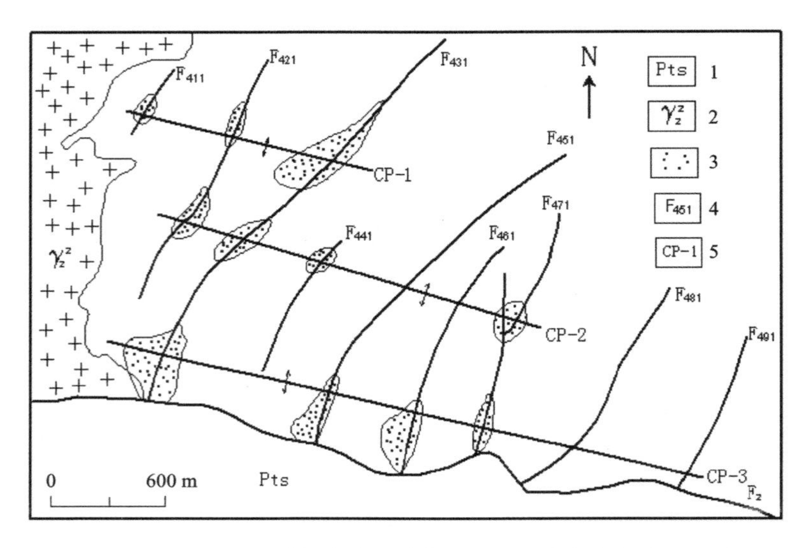

图 3－2　一洞－五地锡多金属矿体与黑云母花岗岩岩隆示意图

1—四堡群；2—雪峰期黑云母花岗岩体；3—锡多金属矿化范围及花岗岩岩隆；4—断裂；5—背斜构造

近东西向矿带：出露于北北东向的 431 至 471 矿带之间(图 3－3)，呈近东西向展布，这些矿体倾向南至南西，倾角 15°～30°，它们在剖面上为多层状，总体延伸范围较大，但厚度较小，最厚不超过 50 cm。

近南北向矿带：分布于平英黑云母花岗岩体边部，呈近南北走向，为云英岩型的锡(钨)矿脉，其延伸较短。

根据本区矿石矿物组合特点，锡多金属矿石可分为：云英岩型、电英岩Ⅰ型、电英岩Ⅱ型、锡石石英型和锡石硫化物型等五种类型，它们分别是各阶段成矿作用的产物。

5. 成矿阶段划分

根据一洞－五地矿区地质特征、矿体特征和矿石的结构构造特征，矿区可划分出两个成矿期：锡石硅酸盐成矿期和锡石硫化物成矿期，且以锡石硅酸盐成矿期为主。

(1)锡石硅酸盐成矿期：可进一步划分出 4 个成矿阶段。

①云英岩成矿阶段：该阶段主要作用于平英黑云母花岗岩体的内外接触带，该阶段矿化所形成的矿体呈脉状，走向南北，倾向西，倾角 60°～85°。主要金属矿物是锡石，其次有黑钨矿、黄铜矿、黄铁矿。脉石矿物以石英、白云母为主，还有电气石、萤石、磷灰石、锆石、钾长石、榍石等。云英岩锡石矿脉经后期同方向

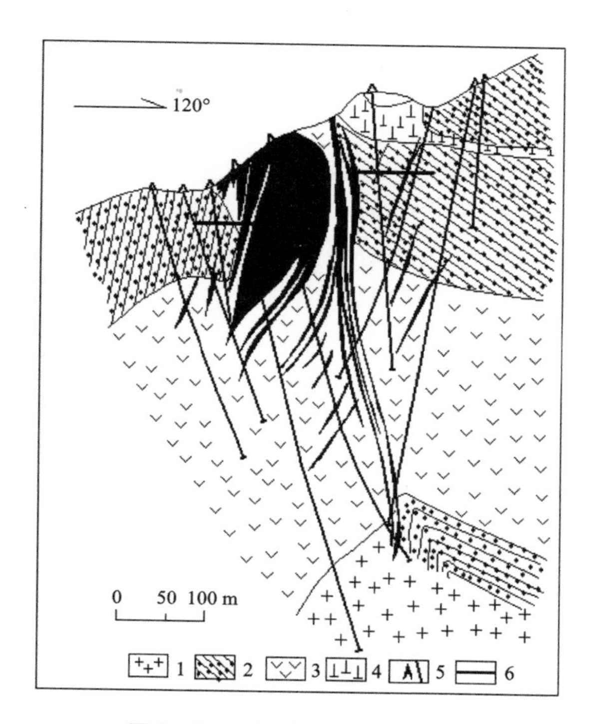

图3－3 一洞矿区459线剖面图

1—雪峰期黑云母花岗岩体；2—四堡群变质砂岩；3—镁铁质岩；
4—中基性岩；5—锡多金属矿体；6—坑道

的压应力挤压和热液作用，发生了强烈的绢云母化，绢云母、石英和锡石等矿物定向排列，由于锡石原始结晶颗粒比较大，因此常有绢云母和次生石英形成流线状绕锡石而“行”。凡经受过这种构造作用的云英岩锡矿脉，其中的锡石都不同程度地压裂成碎块。

②电英岩Ⅰ成矿阶段：该阶段矿化范围明显增大，从花岗岩体到距接触带以外2000 m的围岩中均有表现；而且从西向东逐渐减弱。矿体中金属矿物有锡石、毒砂及少量的黄铜矿、板钛矿和自然铋。脉石矿物主要有：石英、电气石、钾长石、黑云母、钠长石、绿帘石、榍石、萤石和磷灰石等。该阶段电气石的多色性为No为褐黑色，Ne为褐到浅褐色。电气石呈放射状、短柱状，比锡石早生成，与钾长石基本上同时沉淀，本阶段电英岩锡矿石常受电英岩Ⅱ成矿阶段的锡矿化蚕食交代。

③电英岩Ⅱ成矿阶段：该阶段的矿化分布范围与前一阶段基本相同，但规模相对较小，强度变弱。其矿化中心在451矿带，向东、西两侧递减。金属矿物主

要为锡石、黄铜矿、黄铁矿及少量的铜硫铟锌矿、闪锌矿、白钛矿。主要脉石矿物为石英、电气石、钾长石，次要矿物有黑云母、萤石、磷灰石和榍石。本阶段电气石的多色性是No为深蓝到蓝色，Ne为蓝至浅蓝色。电气石呈长柱状、放射状，偶见沿脉壁形成束状。

④锡石－石英成矿阶段：该成矿阶段所形成的矿石在本矿区是一种次要类型。矿体呈脉状、透镜状叠加于431和451矿带的电英岩型锡矿体或周围的镁铁质岩和碎屑岩中。在481和491矿带以及东西向缓倾斜脉状矿体内呈细脉或网脉状。经常可见本阶段矿石穿切交代前几个阶段的矿石矿物。锡石石英阶段矿物组合简单，金属矿物只有粗晶锡石和微量的黄铁矿及赤铁矿。脉石矿物有石英和少量绢云母，偶见胶状电气石。造矿矿物锡石有发育的环带结构，颜色从中心到边缘依次为：褐黑色→褐黄色→黄色→无色。在透镜状小矿囊中，锡石围绕六方柱状石英生长成花状结构矿石。

(2)锡石硫化物成矿期：只有锡石－黄铜矿－黄铁矿成矿阶段。

此阶段锡石硫化物成矿期在一洞－五地锡多金属矿区的矿化范围很局限，矿化强度较弱，仅出露于431矿带北段，其41号矿体内相当一部分矿石属于该成矿期的产物。锡石－黄铜矿－黄铁矿成矿阶段中出现的金属种类较多，特别是金属硫化物在种类上和数量上均大幅度增加，占矿石总体积的30%～45%。主要矿石矿物有锡石、黄铜矿、斑铜矿、方黄铜矿和黄铁矿，还有一定量的闪锌矿、方铅矿、辉钴矿、硫锑铅矿、黄锡矿和黝铜矿，极少量毒砂等；脉石矿物以石英为主，其次有绿泥石、钾长石和绢云母等。

综上所述，除云英岩阶段矿化外，其余4个矿化阶段先后在同一断裂构造内发育，这种同一构造空间反复成矿，故而在有利的构造部位形成了431矿带北部的大矿团。这不仅是本矿区，而且也是整个九万大山－元宝山地区成矿的一大特点。

6. 成矿作用在空间上的展布特征

地质体中的矿化强度和范围不仅决定于成矿流体本身的温度、组分浓度等，而且总是与一定的构造活动强度密切相关，由于各个成矿阶段构造与成矿流体性质的不一致性，往往造成矿化的叠加，最终产生矿化在空间上的分带现象。

本矿区同一矿体内的矿化分带十分明显，其矿化分带以脉动退缩型分带为主，也有较少的脉动超覆型分带，矿化的中心一般均位于北东向断裂与隐伏黑云母花岗岩岩隆的复合部位。

①脉动退缩型分带：表现为从中心到边缘，矿化时代逐渐变老，矿化温度逐渐增高，这种类型的分带在本区比较发育。如北东向431矿带北端大矿团的矿化分带(图3－4)，北东向断裂位于矿体的东侧，断裂附近是锡石硫化物成矿期的矿石，其中含有锡石石英阶段的矿石呈团块状分布，前矿化阶段形成的矿石大部分

被后矿化阶段超覆，往北西方向延伸出现了两个电英岩阶段矿化叠加形成的 42 号矿体，42 号矿体以西的 40 号和 43 号矿体基本上都是由电英岩 I 矿化阶段形成的锡矿石构成。又如，位于北东向的 451 矿带南部的猫背梁矿体在平面上，从中心往两侧有锡石石英型锡矿石，用均一法测温为 250 ~ 300℃；电英岩 Ⅱ 型锡矿石，其用均一法测温为 310 ~ 360℃；电英岩 I 型锡矿石，其用均一法测温为 330 ~ 400℃；矿体外围的青磐岩化和石英绢云母化与电英岩 I 型锡矿石同时生成。同时，猫背梁矿体在剖面上反映出同样的分带趋势，中部为锡石石英阶段矿化，向两侧依次是电英岩 Ⅱ 阶段矿化和电英岩 I 阶段矿化，矿化中心向下延伸可达黑云母花岗岩岩隆。

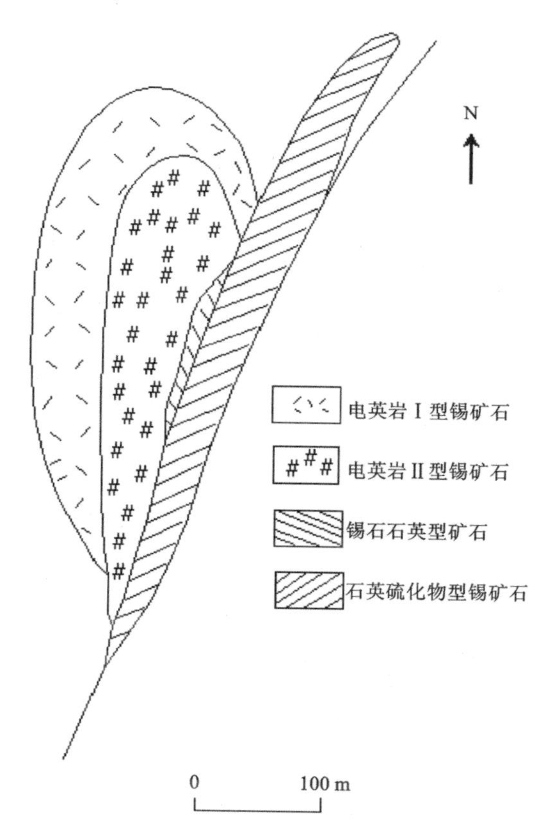

图 3－4　431 矿带北端大矿团矿化分带剖面示意图

②脉动超覆型分带：是指后一次矿化阶段的矿化强度大于前一次或前几次的矿化强度，成矿的前锋不是向后退缩而是向前超覆，这种分带现象在本矿区不太

明显，仅发育于一洞矿区431矿带北端大矿团。其锡石－黄铜矿－黄铁矿成矿阶段的矿化在空间上超覆了锡石硅酸盐期的几个矿化阶段形成的矿化，向更高部位延展。

总之，矿化叠加是本区矿化的一种最普遍存在形式。上述的各阶段矿化均以同一构造裂隙空间为中心进行了交代沉淀成矿，无论是脉动退缩型分带还是脉动超覆型分带在很大程度上都是矿化叠加现象，所以说矿化叠加是本区矿化的一种最普遍存在形式。

3.2 红岗－沙坪－大坡岭锡铜多金属矿床地质特征

红岗－沙坪－大坡岭锡铜多金属矿床属于宝坛矿田，位于平英黑云母花岗岩体北端东侧。

1. 矿区地层

矿区内出露的地层有：中下元古宙四堡群的文通组、鱼西组和上元古宙丹洲群的白竹组，它们沿红岗复式背斜依次排列。

下元古宇四堡群文通组：顶部存在一层0～100 m厚的熔凝灰岩和熔结角砾岩，该层位是野外划分文通组与鱼西组的标志层；上部为浅灰、灰绿色变质粉砂岩夹少量斑点状板岩，其内有两层60～200 m厚的镁铁质熔岩；中部为浅灰绿色薄至中厚层变质粉砂岩夹砂岩及少量泥质粉砂岩，其内有一层0～90 m厚的熔凝灰岩、角砾熔岩和另一层厚24～267 m的超镁铁质－镁铁质熔岩层，后者具有明显的分层性，从下往上岩性变化为超基性→基性→中基性→中性；下部为浅灰、灰绿色变质粉砂岩，亦夹一层60～200 m厚的镁铁质熔岩。

四堡群鱼西组：上部为变质粉砂岩、砂岩；中部为砂质板岩、绢云母板岩；下部为灰绿色变质砂岩、中粗粒长石砂岩和钙质砂岩。在本组下部有三层中基性熔岩，其中第一层比较连续，其他两层呈断续出露。

丹洲群白竹组：上部为灰绿色板岩，局部夹变质砂岩、粗粒石英砂岩；下部为灰白色石英砂岩；底部有一层灰绿色含砾绢云母石英千枚岩。该组与下伏四堡群鱼西组呈角度不整合接触。

综上所述，本矿区内地层的最大特点有三：超镁铁质－镁铁质火山熔岩、火山岩十分发育；由于受断裂构造影响，地层出露十分杂乱；超镁铁质－镁铁质火山熔岩、火山岩为锡多金属矿体的成矿主岩。

2. 矿区构造

本矿区内的一级褶皱构造为红岗山倒转背斜，该背斜向东倾伏，南翼地层向南倾，倾角40°～60°；北翼地层在1000 m标高以上向南倾，在1000 m标高以下变为向北倾，倾角40°～50°。背斜西部受东西向和北东向断裂构造系切割，受到严重破坏，东部保存比较完整。

矿区断裂构造极为发育，大小断裂共计 40 余条，按断裂构造的走向方向可分为三组：

①北北东向断裂：该组断裂倾向西北或东南，倾角 40° ~ 70°。该组断裂及由其所派生的次一级断裂是本矿区锡多金属矿的导矿和储矿构造，在该组断裂中均发育有一定的矿化蚀变或锡铜多金属异常。

②东西向 - 近东西向断裂：该组断裂在矿区内发现 F_3、F_6 和 F_7 这 3 条断裂，这些断裂倾向南，倾向 60° ~ 75°。这组断裂具有多次活动特征，其内也发育有铅、锌和铜等成矿元素的矿化异常。

③南北向断裂：本区内该组断裂的规模一般较小，且与成矿关系不密切。

3. 岩浆岩

该矿区范围内唯一出露地表的平英黑云母花岗岩是雪峰期岩体，其在地表出露面积不大。平英黑云母花岗体由主体中粒、中细粒黑云母花岗岩和细粒黑云母花岗岩的小岩盆、岩脉构成。这两阶段黑云母花岗岩的主要造岩矿物组合为：微斜长石、斜长石、石英和黑云母。其中，斜长石的 An 为 1.2% ~ 7.14%，平均为 3%；钾长石含 Or 为 93.65% ~ 96%。平英黑云母花岗岩为贫铁镁质岩体，其中 $FeO + Fe_2O_3$ 含量低于 1.8%，MgO 含量不高于 0.4%；岩体中富含硅碱组分，SiO_2 含量平均为 76%，$K_2O + Na_2O$ 含量为 7% ~ 8%。分异指数 DI 为 83.74 ~ 97.88，平均 91.20。在 $SiO_2/10 - (CaO + MgO) - (Na_2O + K_2O)$ 和 $(Fe_2O_3 + FeO + MgO) - CaO - (Na_2O + K_2O)$ 等系列图解中，平英两阶段黑云母花岗岩体与 J. G. 布洛克利(1980)总结的世界含锡花岗岩一样，是富硅富碱金属的花岗岩，表明平英两阶段花岗岩均已演化成标准的含锡花岗岩。

4. 矿体特征

通过对本区北北东向断裂系的矿化检查，目前，已发现 11 条锡多金属矿带或矿化带(图 3 - 5)。在红岗矿区分别命名为 101 至 108 矿带，在沙坪矿区称为 201 至 206 矿带，其中 106、107、108、202、203 和 204 矿带矿化较好，其余几条矿带尚不具工业意义。

红岗 - 沙坪矿区的锡多金属矿化均分布于平英黑云母花岗岩体的外接触带，矿化带分别在东西长约 4 km 的范围以内。受红岗山复式背斜的控制，矿化被局限在背斜轴部的狭长地带内。各矿体的产出形态受到北东向断裂控制，由于断裂呈高倾角向东倾斜，矿脉倾向东，倾角大。此外，在断裂的膨大部位，常常形成大矿包。如红岗矿区 103 矿带和 106 矿带中的 9 号和 10 号矿脉，在断裂的转弯处，矿带内矿化强度显著增大，形成富矿体；沙坪矿区 201 矿带中的 21 号矿体也具有此类特征。

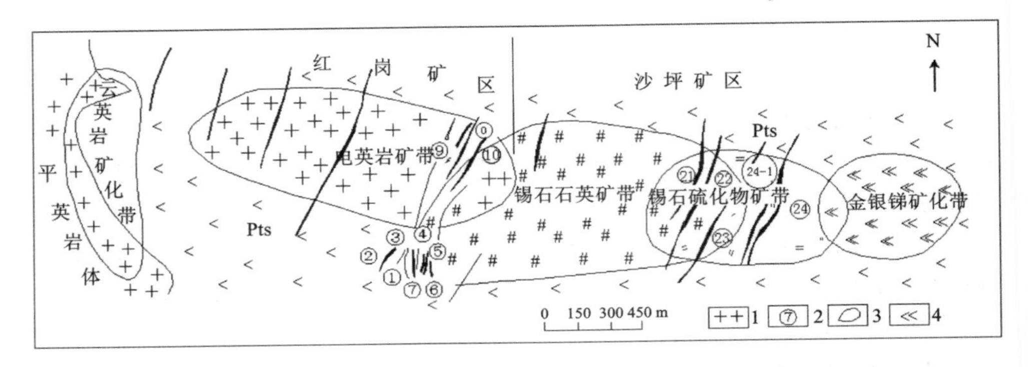

图 3－5　红岗－沙坪矿区锡多金属矿体分布特征及矿化分带示意图

1—雪峰期黑云母花岗岩体；2—矿体编号；3—矿化带范围；4—四堡群碎屑岩与镁铁－超镁铁质岩互层

5. 成矿阶段划分

根据红岗－沙坪－大坡岭锡多金属矿床的地质特征、矿体特征和矿石的结构构造特征，矿区的成矿作用可划分出两个成矿期和七个成矿阶段。该矿床正是以两期成矿作用皆发育、成矿阶段最多而成为九万大山－元宝山地区的典型锡铜多金属矿床。

(1)锡石硅酸盐成矿期：可进一步划分出4个成矿阶段。

①云英岩锡钨成矿阶段：发育于平英黑云母花岗岩体的内接触带，在花岗岩体内部的原生节理中，产有充填交代的云英岩脉体，其内发育不连续的锡钨矿脉。本阶段形成矿石矿物有锡石、黑钨矿等，脉石矿物有石英、白云母、黄玉、电气石等。

②电英岩锡铜成矿阶段：主要发育于平英黑云母花岗岩体的外接触带，如红岗区的102、103矿带及10号矿脉，在沙坪矿区内的较深部也见到电英岩矿化脉。该阶段形成的矿石矿物有锡石、黄铜矿和黄铁矿等。脉石矿物有电气石、石英、黑云母、白云母、钾长石、绿帘石及萤石和磷灰石等；本阶段特征性矿物为电气石，其呈放射状、束状，其多色性为No为深蓝－蓝色，Ne为浅蓝、浅褐或无色，大多数电气石为细长柱状，长宽比大于5。

③石英－钾长石－锡石成矿阶段：该阶段形成的矿化呈细脉状零星出露，在红岗矿区的103矿带和沙坪矿区的21号和22号矿脉中皆有分布。该阶段形成的共生矿物组合为正长石、石英、电气石和锡石等；电气石多呈发丝状，多色性微弱，多被包含在石英晶体内。在这类矿化产物中见有以自形正长石为中心，锡石围绕其生成的现象。

④锡石－石英成矿阶段：主要发育于平英黑云母花岗岩体的外接触带。该成

矿阶段形成的矿物组合比较简单，石英和锡石占矿物总量的80% ~90%，其次还有少量白云母、黄铁矿、赤铁矿、绿泥石、绿帘石和电气石等。该成矿阶段形成的锡石晶体粗大，且多呈四方柱状，晶体内部有明显的颜色环带，有时还见有放射状锡石集合体。在锡石晶体外缘经常有放射状微晶丝发状电气石存在。锡石石英阶段矿化主要发育于红岗矿区的106、107矿带南部和沙坪矿区的202、203、204矿带中，呈透镜体，常被锡石硫化物期形成的矿化体包围，局部构成极富的矿段。

(2)锡石硫化物成矿期：也可进一步划分出4个成矿阶段。

①锡石－毒砂－磁黄铁矿成矿阶段：该矿化阶段主要发育于沙坪矿区各矿带中，偶见其呈透镜体被晚阶段矿化所包裹交代或胶结。本矿化阶段形成的矿石矿物有：毒砂、锡石、磁黄铁矿、黄铜矿、黄锡矿、铁闪锌矿、白铁矿、磁铁矿和黝铜矿等；脉石矿物有：钾长石、钠长石、白云母、石英、萤石及斜黝帘石等。矿石中伴生的大量萤石和白云母，表明成矿流体中具有高度富集挥发组分氟。

②锡石－黄铜矿－黄铁矿－闪锌矿成矿阶段：该矿化阶段主要发育于沙坪矿区。主要表现为本阶段矿脉呈细脉、网脉状穿切交代锡石－毒砂－磁黄铁矿阶段所生成的矿体或矿石，在红岗矿区的106矿带南部的1、2号矿脉中也叠加有该阶段矿化。本矿化阶段形成的矿石矿物主要为锡石、黄铜矿、黄铁矿和闪锌矿，少量黄锡矿、方黄铜矿、斑铜矿、黝铜矿和钛铁矿等；脉石矿物为石英、白云母、萤石和绿泥石，另外，一些发丝状电气石被包裹于石英中，黄铜矿与闪锌矿共生关系十分密切，在绝大多数闪锌矿中均有乳滴状、条纹状黄铜矿的固溶体。

③锡石－闪锌矿－方铅矿成矿阶段：该阶段矿化强度很弱，主要发育于沙坪矿区的202、203矿带，叠加在前几次矿化之上。本矿化阶段形成的矿物以锡石、闪锌矿、方铅矿、石英为主，还有少量黄铜矿、黄铁矿、白云母、绢云母和绿泥石等。

6. 成矿作用在空间上的展布特征

在红岗－沙坪－大坡岭锡多金属矿区，矿化分带严格受平英黑云母花岗岩体和地质构造控制，尤其是平英岩体的东侧的隐伏隆起部位，红岗山倒转背斜一方面控制了平英岩体的侵位，另一方面，与横切该背斜的北东向断裂控制着岩体的隐伏隆起，为矿质集中和成矿提供了良好的空间。

本矿区的成矿水平分带是以西部的平英黑云母花岗岩为中心，从西向东可分出5个矿化带，如图3－6所示：

①云英岩矿化带：位于平英黑云母花岗岩体的内接触带。目前，在该矿化带中尚未见到具有工业价值的矿脉。

②电英岩矿化带：分布于距黑云母花岗岩体与围岩接触带300 ~ 1800 m处，该带内包含了红岗矿区的主要矿体和绝大多数锡多金属储量。

③锡石－石英矿化带：分布于距黑云母花岗岩体与围岩接触带 1200～2700 m 处。

④锡石－硫化物矿化带：分布于距黑云母花岗岩体与围岩接触带 2250～3150 m处，占据了整个沙坪矿区。

⑤金－银－锑矿化带：出现于矿化分带的最外侧、最东侧，分布于距黑云母花岗岩体与围岩接触带 3000～3600 m 处。

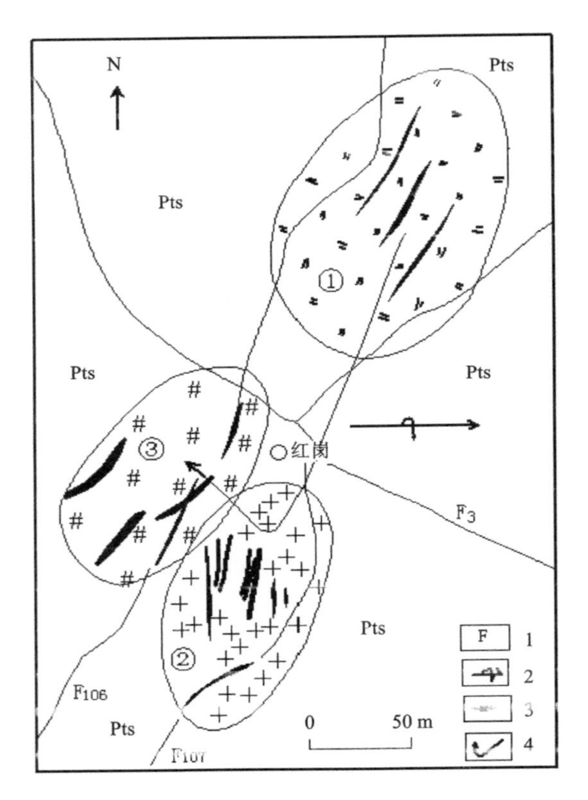

图 3－6　红岗矿区 106 和 107 矿带内矿化分带图

（据广西地质矿产局第七地质队资料编制）

1—断裂；2—倒转背斜；3—锡多金属矿脉；4—演化方向

①电英岩矿化；②锡石石英矿化；③锡石硫化物

上述以平英黑云母花岗岩为中心的面型矿化分带遍布整个矿区，而该区还存在有以隐伏的黑云母花岗岩岩隆为中心的次一级矿化分带现象。例如，在红岗矿区 9 号和 10 号脉处下部存在一个隐伏的岩隆，使该处存在一个从中心向南部依次发育电英岩英岩矿化带、锡石－石英矿化带、锡石－硫化物矿化带的矿化分带现象。也正是由于这个原因，在这里形成了规模较大的矿体。

3.3　铜聋山铜铅锌矿点地质特征

1. 矿区地层

该矿区内出露的地层为中下元古宙四堡群鱼西组的变质岩，上部为变质粉砂岩、砂岩；中部为砂质板岩、绢云母板岩；下部为灰绿色变质砂岩、中粗粒长石砂岩和钙质砂岩。

2. 矿区构造

本区位于天河 – 四堡大断裂的东侧，受摩天岭和元宝山复式背斜的控制，本区发育一宽缓的铜厂 – 铜聋山背斜，为轴向北北西的不对称的背斜，其东翼产状 170° ~150° ∠30° ~57°，西翼产状 240° ~260° ∠25° ~50°；有超镁铁 – 镁铁质岩顺层贯入，沿背斜两翼不对称出露。

北东向天河 – 四堡大断裂通过矿区西部，其派生的次级断裂近东西向断裂带，其西侧与四堡大断裂相连，东至 19 号探槽逐步尖灭；长 2.2 km，宽 1 ~31 m，产状 170° ~220° ∠50° ~76°，断裂带中有石英辉长辉绿岩、花岗闪长岩、变质岩等角砾发育，并发育石英硫化物及萤石细脉或团块。该断裂带无论在走向上还是倾向上，膨胀收缩现象均相当发育，为以张性为主的张剪性复合断裂，是本区的成矿断裂，其常常被北北东向或北北西向断裂切割。

3. 岩浆岩

本区位于蒙洞口岩体的南部，清明山黑云母花岗岩体北东侧。蒙洞口岩体为四堡晚期的花岗闪长岩体，与本区直接成矿关系不密切；清明山黑云母花岗岩体为雪峰期岩体，它们在地表出露面积不大；铜厂杀狗洞处有花岗斑岩侵入。对本区的锡铜多金属成矿起决定作用的应该是雪峰期的黑云母花岗岩体和花岗斑岩体，研究表明雪峰期的岩体均已演化成标准的含锡花岗岩。

4. 矿体特征

矿体产于清明山黑云母花岗岩体的外接触带，成矿围岩为四堡群鱼西组变质岩和镁铁质岩。根据民采坑道内采余矿体情况，可知原矿体厚为 0.80 ~1.00 m，矿体产于镁铁质岩与四堡群变质岩的接触带中，矿体产状 332° ∠42°，顺层产出。镁铁质岩主要为火山凝灰岩和含凝灰质较多的泥质岩。据 205 地质队的罗照林工程师介绍，该处 1995 年时民采以锌矿石为主，当时，矿体中发育 0.30 ~0.40 m的中粗粒铁闪锌矿，目前该层矿已消失，采余矿体内金属矿物主要有黄铁矿、黄铜矿、方铅矿、闪锌矿等，另外，在矿坑外可见到块状黄铁矿 – 赤铁矿矿石块。

5. 围岩蚀变特征

本区发育的围岩蚀变主要有绿泥石化、硅化、黄铜矿化和黄铁矿化等。

上述特征比较符合本区雪峰期黑云母花岗岩体周围的矿床分布特征：在离岩体较远的四堡群围岩中发育铅锌矿化。

3.4 九毛－六秀锡多金属矿床地质特征

1. 矿区地层

该矿区出露的地层为中下元古宙四堡群文通组、鱼西组和上元古宙丹洲群。

中下元古宙四堡群文通组：文通组主要由白云母石英片岩、二云母石英片岩、千枚岩、石英片岩和绿泥石白云母片岩构成。在文通组内有一层数十到数百米厚的超镁铁质熔岩，为准科马提岩。由于本区地层发生了强烈褶皱，受南北向复式褶皱的影响，该层准科马提岩在本矿区内出露三次(图3－7)。

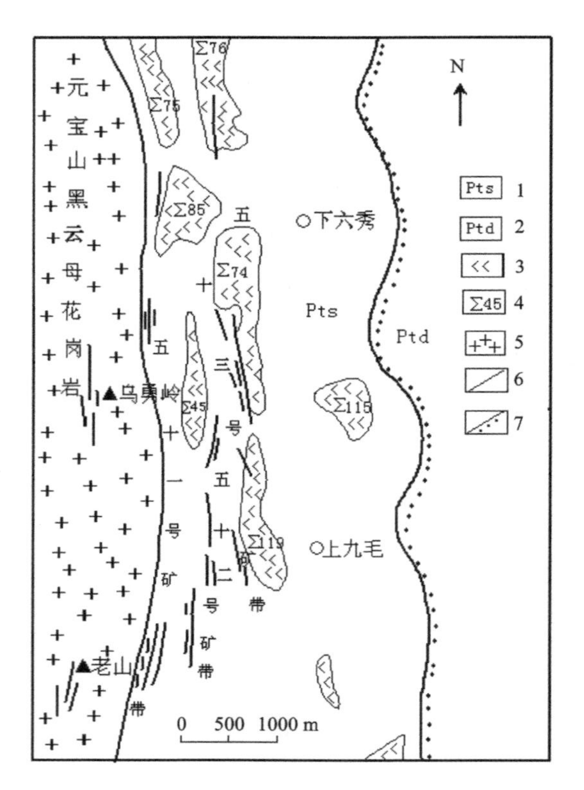

图3－7 九毛－六秀锡多金属矿床地质图

1—四堡群；2—丹洲群；3—准科马提岩；4—准科马提岩露头编号；5—黑云母花岗岩体；6—锡多金属矿体；7—不整合界面

中下元古宙四堡群鱼西组：鱼西组以角度不整合覆盖于四堡群文通组之上。上部以绢云母板岩、千枚岩为主，夹变质砂岩、粉砂岩；下部由四层中基性海相火山角砾岩、集块岩、细碧角斑岩、熔凝灰岩、夹变质砂岩粉砂岩、板岩构成。

上元古宙丹洲群：分布于本矿区之东部，以平行不整合覆盖于四堡群鱼西组之上。其岩性为一套含钙质较高的白云母石英片岩、方解石绿泥石片岩、白云母绿泥石片岩夹大理岩层。

四堡群片岩、准科马提岩及花岗岩都是本区锡多金属矿体的容矿围岩。在准科马提熔岩顶部与片岩接触处往往是锡多金属成矿的最佳部位。

2. 矿区构造

南北向的元宝山复式背斜是本区的主导性构造，控制了本区主要岩体的侵位，元宝山黑云母花岗岩就是沿其核部侵位。在元宝山复式褶皱东翼的九毛－六秀锡多金属矿区内，在四堡群内发育有次一级的褶皱：营梅沟向斜分布于52号矿带以西；九毛背斜分布于52号矿带以东。上述这些褶曲轴向近南北，轴面倾向东，两翼倾角西陡东缓。由于本区地层软硬相间，构造挤压作用十分强烈，故矿区内多见有多种多样的小型平卧褶皱和挠曲构造等，这些褶皱轴长数米至数十米不等，其轴部的虚脱部位是成矿的有利部位，常形成良好的矿体。

在九毛－六秀矿区内未见较大的断裂构造发育。中小规模的断裂比较发育，按走向可分为近南北向和近东西向两组断裂。前者最发育，为一系列平行于褶皱轴向的南北向挤压逆冲断裂，这些逆冲断裂具有断续相连、成群出现的特征，它们主要集中成3个断裂密集带，其内均发育有一定的矿化，在本矿区这3个断裂密集带分别被命名为51、52和53号断裂矿化带。断裂带中的单个断层大都为倾向260°～290°，倾角50°～60°。近东西向断裂在本区不甚发育，规模不大，长40～320 m，以正断层为主，倾向北西或南东，倾角45°～80°，矿化较弱。

3. 岩浆岩

本区出露的元宝山岩体在九万大山－元宝山地区为第二大岩体，出露面积约300 km^2，该岩体为复式黑云母花岗岩基，位于九毛矿田之西侧。按岩性特点，该岩体可划分出两个成岩阶段：第Ⅰ阶段的片麻似斑状黑云母花岗岩阶段和第Ⅱ阶段的中粒、中细粒黑云母花岗岩阶段。第Ⅰ阶段的片麻似斑状黑云母花岗岩阶段岩体构成元宝山岩体的主体轮廓，该阶段岩石分异程度较差，其主要标志为基性组分含量较高，其 $MgO + FeO + Fe_2O_3$ 含量平均为3.55%，$Na_2O + K_2O$ 含量为6.70%，TiO_2含量平均为0.26%，分异指数DI平均为83.50。第Ⅱ阶段黑云母花岗岩以小岩株形式产于主岩体之内，形似补丁状，该阶段岩体发育十分强烈的云英岩化，其东侧的老山和乌勇岭一带发育有大面积云英岩化，并伴随发育有云英岩型锡、钨、铀矿床的产出。中粒、细粒黑云母花岗岩的特点为 $MgO + FeO + Fe_2O_3$，含量平均为2.29%，$Na_2O + K_2O$ 含量为7.21%，TiO_2含量为0.09%，分异指数为89.39。从第Ⅰ阶段岩体到第Ⅱ阶段岩体，岩石中的基性组分明显减少，碱性组分增高，分异程度趋于强烈。从含锡花岗岩系列判别图解中可以得到一个明确的结论：第Ⅱ阶段的中、细粒黑云母花岗岩已经演化成为标准的含锡花岗岩。

从黑云母的成分特点可以得出中、细粒黑云母花岗岩与九毛－六秀锡矿床的成因联系。元宝山中粒黑云母花岗岩中黑云母的Fe/(Fe＋Mg)比值局限在0.65与0.9之间，位于岩体内外接触带的云英岩型锡、钨、铀矿体和锡石硫化物型锡矿体以及周围蚀变岩石中的黑云母与中粒黑云母花岗岩中的黑云母，它们的成分基本相同，分布于一个相对集中的范围内。只有当准科马提岩作为锡多金属矿体的围岩时，蚀变岩石中的云母含镁才明显增多，逐渐演变为金云母类。在空间分布上，由黑云母花岗岩体到远离接触带的矿体及蚀变岩石，黑云母中的镁质组分呈现逐步增多的特征。

4. 矿体特征

九毛－六秀矿区存在四个矿带：老山－乌勇岭矿带、51号矿带、52号矿带和53号矿带。矿带中单个矿脉多呈脉状、透镜状、长条状、似层状，沿南北向挤压断裂充填交代。矿体走向以南北向为主，倾向因构造部位产状不同而异，倾角40°～60°，矿脉长数十米至数百米，最长1000 m；矿脉厚数厘米至1.5 m，最大厚度可达10余米；绝大多数矿脉规模小、储量小，大于500 t的矿脉有21条，其中，500～1000 t的有11条，1000～10000 t的有9条，大于10000 t的只有一条；这些矿脉的储量占总储量的87.5%。

根据锡多金属矿脉与围岩岩性及构造环境的关系，锡多金属矿脉可类聚分为四种类型：

①产于花岗岩中的锡、钨多金属矿脉，主要分布在老山和乌勇岭地区，矿脉中伴生有强烈的钠长石化、云英岩化；

②产于准科马提岩中的锡多金属矿脉，分布于排拗276号岩等地；

③产于四堡群文通组片岩中的锡多金属矿脉，包括51号和52号矿带；

④产于准科马提岩接触断裂带内的锡多金属矿脉，分布于74、119和85号熔岩体的西侧接触带内。

本矿区内的锡多金属矿石类型比较简单，主要有三种，其中以锡石硫化物型为主，还有一些云英岩型和电英岩型锡多金属矿石。

本区典型矿脉特征为：

①53号矿带的51号矿体：本区最大的锡多金属矿脉，矿脉长1000 m，延深247.5 m，平均厚2.4 m，最大厚度达12.45 m，平均锡含量0.78%。该矿脉产于74号超镁铁质岩体西侧接触断裂带中，倾向西，倾角30°～50°。

②53号矿带的95号矿体：本区主要的工业锡多金属矿脉，为盲矿体，埋于

300 m 标高以下，矿脉长530 m，平均厚2.65 m，平均锡含量0.464%。该矿脉产于74号超镁铁质岩体内，倾向西，倾角60°~80°。

③52号矿带的21号矿体：本区主要的工业锡多金属矿脉，呈似层状产出，矿脉长520 m，厚度1.63~6.23 m，锡品位0.141%~0.706%，最高1.359%。该矿脉产于四堡群变质砂岩与片岩的层间裂隙中，倾向东，倾角45°。

④51号矿带的3号矿体：本区主要的工业锡多金属矿脉，矿脉长460 m，厚度0.42~2.1 m，平均1.75 m。矿脉走向北东，倾向南东，倾角56°；矿脉呈脉状、透镜状沿四堡群片岩层间裂隙和片理充填交代而成，与围岩呈渐变接触关系，锡品位0.142%~0.3%，最高0.814%。

5. 成矿阶段划分

根据九毛－六秀锡多金属矿区的地质特征、矿体特征和矿石的结构构造特征，矿区可划分出两个成矿期：锡石硅酸盐成矿期和锡石硫化物成矿期，且以锡石硫化物成矿期为主。

(1)锡石硅酸盐成矿期。

本区的锡石硅酸盐成矿期可进一步划分为两个成矿阶段：云英岩成矿阶段和电英岩成矿阶段。

①云英岩成矿阶段：发育于元宝山黑云母花岗岩体东侧之内接触带中，以老山和乌勇岭矿区最为集中发育。矿脉呈南北向成群出现，单矿脉长数米到数百米，宽数厘米到一米左右。老山－乌勇岭云英岩型锡钨多金属矿脉的产出形态较为特殊，矿脉与黑云母花岗岩体之间没有截然的分界线，矿石中的粗晶石英颗粒大多为黑云母花岗岩原岩矿物的残留体。矿脉两侧的交代作用十分发育。

②电英岩成矿阶段：主要发育于元宝山黑云母花岗岩体东侧之外接触带内，该阶段矿化在九毛－六秀矿区发育很弱，而且大多均被后期大规模成矿作用所交代覆盖。就目前出露情况而言，电英岩阶段的矿化在51、52号矿带比53号矿带强，矿化特征比较清楚的露头有三处：

◆在荣坪一带，距黑云母花岗岩体接触带约500 m的准科马提岩层中，见有两组电英岩阶段锡多金属矿脉出露，矿脉脉幅小、延伸长。往往在两组断裂的交叉处，矿化较好。

◆在九毛矿区，其锡多金属主矿脉51号矿体几乎全部由锡石硫化物成矿期的矿石组成，但在主矿体边侧，有电英岩锡多金属矿石零星出露。

◆在上六秀矿区，其电英岩阶段矿化相对发育，一般沿白云母片岩的片理及裂隙形成细脉状锡多金属矿脉。

从微观上看，几乎在各个锡石硫化物矿体中或多或少都可以见到电英岩锡多金属矿化的痕迹。其表现形式主要是呈残体存在于锡石硫化物矿体内部或旁侧，或呈细脉状分布于矿体周围的蚀变岩石中。

电英岩成矿阶段的矿石矿物以锡石为主，偶有少量钛铁矿伴生。而脉石矿物仅有石英和电气石。电气石尽管颜色深浅变化较大，但总体属蓝色色调，一般多色性为 No 为蓝色和无色，Ne 为蓝黑、深蓝和蓝色。

(2)锡石硫化物成矿期。

在整个九万大山－元宝山地区，锡石硫化物成矿期在各个矿区均有发育，但唯有九毛－六秀矿区最发育，矿化最强烈，该期矿化在本矿区所生成的锡多金属储量达数万吨，占矿区总储量的90%以上。本区的锡石硫化物成矿期也可进一步划分出两个成矿阶段：矽卡岩成矿阶段和锡多金属成矿阶段。

①矽卡岩成矿阶段：主要发育于黑云母花岗岩体的外接触带，以在准科马提岩或其接触带附近发育最佳，矿化强度从元宝山黑云母花岗岩体往东依次减弱。该成矿阶段以铁铝榴石、金云母、斧石、阳起石、透闪石和斜长石等为主构成的矽卡岩组合遍布本矿区内的各个矿带。与矽卡岩同时生成的矿石矿物主要有磁铁矿、钛铁矿及少量锡石。在 51 号和 52 号矿带中可见到磁铁矿矿石和锡矿石的团块。组成矽卡岩的造岩矿物中都含有较高的锡，其中以石榴石最富，可达 3500×10^{-6}。

②锡多金属成矿阶段：该阶段矿化发育范围与矽卡岩成矿阶段大致相当，且大于上者，该阶段所生成的矿化往往叠加在矽卡岩之上。该阶段形成的矿石矿物组合为：磁黄铁矿、铁闪锌矿、毒砂、方铅矿、黄铜矿、钛铁矿、黄铁矿等；所伴生的脉石矿物有：钠长石、白云母、黑云母、绿泥石、斜黝帘石及少量电气石、萤石和微量的磷灰石等。锡多金属矿化往往呈网脉状穿插、切割矽卡岩。一般在矿化较强烈地段，可见到矽卡岩呈的残留体存在，而在局部矿化非常强烈的地段，仅见有磁铁矿的残留体，这些磁铁矿明显被晚阶段的锡多金属矿物交代包裹。

6. 成矿作用在空间上的展布特征

九毛－六秀锡多金属矿区矿化分带严格受元宝山黑云母花岗岩体和地质构造控制，元宝山复式背斜控制了元宝山黑云母花岗岩体的侵位，元宝山岩体就是沿该复式褶皱核部侵位，一系列平行于褶皱轴向的南北向挤压逆冲断裂成群出现，它们主要集中成 3 个断裂密集带，它们为矿质集中和成矿提供了良好的空间。

九毛－六秀矿床矿体在宏观上分带不明显，但在矿物组合和元素组合的分带性特征上则较清楚，而且这些分带同样亦表现出以元宝山黑云母花岗岩为中心的矿化分带特征。

①矿物组合分带：本矿区内的矿物组合分带从元宝山岩体接触带向东依次发育有：老山、乌勇山的黄铜矿－黄铁矿－晶质铀矿－黑钨矿－锡石－白云母－铁锂云母组合，51、52 号矿带的黄铁矿－磁黄铁矿－磁铁矿－黄铜矿－铁铝榴石－锡石组合，53 号矿带的磁黄铁矿－闪锌矿－方铅矿－白铁矿－黄铜矿－铁铝榴石－钠长石－金云母－锡石组合。这种矿物组合的分带基本上受控于硫逸度(f_S)

和氧逸度(f_{O_2})，从岩体向外矿物组合的变化反映了硫逸度和氧逸度逐步降低的特征。

②元素组合分带：广西地质矿产局第七地质队和广西冶金勘探公司 270 地质队在本矿区进行了大量的元素地球化学勘探工作，并取得了不少有益的资料。通过对这些资料的统计处理，发现本区存在三组矿化元素组合异常，从元宝山黑云母花岗岩体内接触带往东(图 3 – 8)，元素组合分带依次为 Sn – W – Cu – U – As、Sn – Cu – As 和 Sn – Zn – Pb – Au – Cu。

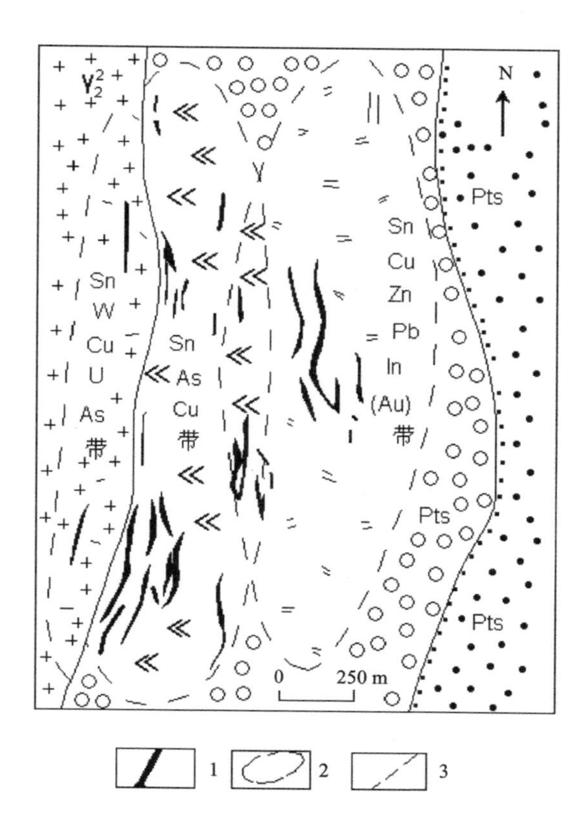

图 3 – 8　九毛 – 六秀矿区元素组合分带示意图

1—锡多金属矿体；2—矿化范围；3—不整合界限

3.5　都郎锡矿化点地质特征

该矿区位于融水县香粉乡都郎屯 – 经营屯一带，地理坐标为东经 109°09′30″ ~ 109°10′30″，北纬 25°16′30″ ~ 25°17′30″，面积约 3.1 km²。1967—1968 年广西区

测物探队、地质九队对该区进行了普查工作。1973 年广西有色 270 队对该区 1 号锡多金属矿脉作了深部评价。目前，在该区雪峰期黑云母花岗岩体南侧内外接触带已发现锡多金属矿脉 27 条。

1. 矿区地层

矿区内出露的地层为中下元古宙四堡群和上元古宙丹洲群。

中下元古宙四堡群：主要由白云母石英片岩、二云母石英片岩、千枚岩、石英片岩和绿泥石白云母片岩构成；其中夹有数层超基性 - 基性熔岩和火山岩。

上元古宙丹洲群：分布于本矿区之南部外围，以平行不整合覆盖于四堡群鱼西组之上。其岩性为一套含钙质较高的白云母石英片岩、方解石绿泥石片岩、白云母绿泥石片岩夹大理岩层。

四堡群片岩和花岗岩是本区锡多金属矿体的容矿围岩。

2. 矿区构造

本区位于元宝山复式褶皱的南部，为元宝山复式背斜的南倾伏端，元宝山黑云母花岗岩体的南缘。南北向的元宝山复式背斜是本区的主导性构造，控制了本区主要岩体的侵位，元宝山黑云母花岗岩就是沿其核部侵位的。

本区内未见较大的断裂构造发育。中小规模的断裂较发育，按走向可分为北东向和近东西向两组断裂。

北东向断裂走向 10° ~ 50°，为区域性断裂，长 5 ~ 8 km，断裂形成的破碎带宽 2 ~ 12 m，其中挤压揉皱片理发育，发育强烈的硅化石英脉，局部发育绿泥石化、黄铁矿化，是本区导矿构造。断裂带中的单个断层多为倾向 260° ~ 290°，倾角 50° ~ 60°。

近东西向断裂，倾向 5° ~ 15°，倾角 50° ~ 70°，规模中等，长 1000 ~ 2500 m；其中 F_{12} 断裂最长达 8000 m，该组断裂产状稳定，断面平直，发育 1 ~ 3 m 宽的硅化带，或以硅化角砾岩带或以硅化石英脉形式产出，并伴随有锡矿化、黄铁矿化和绿泥石化等。

此外，北西 - 南东向的挤压破碎构造广泛发育，在岩体与围岩的内接触带表现为一系列挤压破碎带，其内角砾不明显，片理化发育，发育强烈绢云母化、电英岩化、黄铁矿化、毒砂化、黄铜矿化等；在四堡群地层中表现为层间断层或层间虚脱构造，是本区锡石硫化物矿脉的主要容矿构造。

3. 岩浆岩

本区出露的元宝山岩体在九万大山 - 元宝山地区为第二大岩体，出露面积约 300 km^2，该岩体为复式黑云母花岗岩基，该岩体可划分出两个成岩阶段：第 I 阶段的片麻似斑状黑云母花岗岩阶段和第 Ⅱ 阶段的中粒、中细粒黑云母花岗岩阶段。该矿区位于元宝山岩体的南部接触带，岩性为中粒黑云母花岗岩，属第 Ⅱ 阶段的产物，该阶段的黑云母花岗岩已经演化成为标准的含锡花岗岩。岩体中的节理裂隙产出有电英岩化锡石矿脉，矿脉密度局部达到 1 条/2 米。

4. **矿体特征**

都郎矿区锡多金属矿体主要产于岩体内部的节理裂隙和围岩四堡群层间裂隙中。从民采情况来看，矿体规模均较小，矿体长一般仅数米 ~ 数十米，个别长度大于 100 m；矿体厚度一般为 0.20 ~ 0.50 m，局部达 1 m 左右。

本矿区内的锡多金属矿石类型比较简单，主要有三种：云英岩型、电英岩型和锡石硫化物型锡多金属矿石。

云英岩型锡多金属矿石：主要产于黑云母花岗岩体的内接触带，矿石为灰 - 灰白色，片状变晶结构，片状构造，局部为致密块状构造。

电英岩型锡多金属矿石：主要产于黑云母花岗岩体内部的北东向和近东西向节理裂隙中，呈脉状产出，矿石为灰 - 灰黑色，变晶结构，块状构造。

锡石硫化物型锡多金属矿石：主要产于岩体外接触带的四堡群围岩的层间裂隙中，矿石为深灰 - 灰黑色，鳞片粒状变晶结构，条带状、片状构造。

5. **围岩蚀变特征**

本区发育的围岩蚀变主要有电英岩化、钠长石化、绢英岩化、绿泥石化、锡石化、毒砂化、黄铜矿化、磁黄铁矿化、黄铁矿化等。

3.6　九溪铜铅锌萤石矿点地质特征

1. **矿区地层**

该矿区位于融水县四荣乡，矿区内出露的地层为中下元古宙四堡群，岩性主要为白云母石英片岩、二云母石英片岩、千枚岩、粉砂岩和粉砂质千枚岩构成；其中夹有数层超基性 - 基性熔岩和火山岩。

2. **矿区构造**

本区位于元宝山复式褶皱的南部，为元宝山复式背斜的南倾伏端，元宝山黑云母花岗岩体的南缘，南北向的元宝山复式背斜是本区的主导性构造，控制了本区主要岩体的侵位，元宝山黑云母花岗岩就是沿其核部侵位的。

本区内未见较大的断裂构造发育，中小规模的断裂较发育，按走向可分为北东向和近东西向两组断裂。

3. **岩浆岩**

本区出露的元宝山岩体在九万大山 - 元宝山地区为第二大岩体，出露面积约 300 km^2，该岩体为复式黑云母花岗岩基，该岩体可划分为两个成岩阶段：第 Ⅰ 阶段的片麻似斑状黑云母花岗岩阶段和第 Ⅱ 阶段的中粒、中细粒黑云母花岗岩阶段。该矿区位于元宝山岩体的南部接触带，岩性为中粒黑云母花岗岩，属第 Ⅱ 阶段的产物，该阶段的黑云母花岗岩已经演化成为标准的含锡花岗岩。

4. 矿体特征

九溪矿区铜铅锌萤石矿体主要产于岩体内接触带的近东西向压性断裂中。从民采情况来看，矿体规模均较小，矿体长度大于 100 m；矿体厚度一般为 1.50 ~ 2.00 m。目前主要作为萤石矿在开采。

矿石类型为石英脉充填型，发育强烈的萤石化，主要金属矿物有磁铁矿、方铅矿、闪锌矿、黄铜矿、黄铁矿等。萤石为中粗粒，晶形较好，按颜色可分为 3 种，主要呈绿色和无色，其次为紫色。

5. 围岩蚀变特征

本区发育的围岩蚀变主要有硅化、绢英岩化、绿泥石化、黄铜矿化、磁黄铁矿化、黄铁矿化、方铅矿化、闪锌矿化等。

3.7 甲龙锡铜多金属矿地质特征

该矿区位于元宝山岩体北部天友锡铜铅成矿区，为正在开采的中型锡铜多金属矿床。

1. 矿区地层

矿区内出露的地层为中下元古宙四堡群和上元古宙丹洲群。

中下元古宙四堡群：主要由白云母石英片岩、二云母石英片岩、千枚岩、粉砂质板岩和粉砂岩构成；其中夹有数层超基性 - 基性熔岩和火山岩。

上元古宙丹洲群：分布于本矿区之南部外围，以平行不整合覆盖于四堡群鱼西组之上。其岩性为一套含钙质较高的变质砂岩、千枚岩、粉砂质板岩、方解石绿泥石片岩夹大理岩层。

四堡群粉砂岩和千枚岩是本区锡多金属矿体的容矿围岩。

2. 矿区构造

南北向的元宝山复式背斜是本区的主导性构造，控制了本区主要岩体的侵位，元宝山黑云母花岗岩就是沿其核部侵位。本区位于元宝山复式褶皱的北东，为元宝山复式背斜的北倾伏端，元宝山黑云母花岗岩体的北缘。

在区域上，本区夹于四堡大断裂和三江大断裂之间，其间中小规模的断裂较发育，按走向可分为北东向和北西向两组断裂。北东向断裂走向 10° ~ 50°，为区域性断裂，长 5 ~ 8 km，断裂形成的破碎带宽 2 ~ 12 m，其中挤压揉皱片理发育，发育强烈的硅化石英脉，局部发育绿泥石化、黄铁矿化，是本区导矿构造。断裂带中的单个断层大都为倾向 260° ~ 290°，倾角 50° ~ 60°。

此外，北西 - 南东向的层间构造破碎构造广泛发育，层间构造破碎带内角砾不明显，片理化发育，发育强烈绢云母化、硅化、黄铁矿化、毒砂化、黄铜矿化等。这些层间构造破碎带是本区锡石硫化物矿脉的主要容矿构造。

3. **岩浆岩**

本区出露的元宝山岩体在九万大山－元宝山地区为第二大岩体，出露面积约300 km^2，该岩体为复式黑云母花岗岩基，该岩体可划分出两个成岩阶段：第Ⅰ阶段的片麻似斑状黑云母花岗岩阶段和第Ⅱ阶段的中粒、中细粒黑云母花岗岩阶段。该矿区位于元宝山岩体的北部外接触带，元宝山岩体的第Ⅱ阶段中粒黑云母花岗岩，已经演化成为标准的含锡花岗岩。

4. **矿体特征**

甲龙矿区锡铜多金属矿体主要产于四堡群中的层间构造破碎带裂隙中。矿体规模均较大，矿体长一般数十米至数百米。

目前开采的主矿脉长度达数百米；矿体厚度为1.50～2 m；矿体产于四堡群层间断裂破碎带中，矿脉产状45°～30°∠56°左右。由于四堡群地层发生了褶皱，矿层也随之发生了同步弯折现象；矿脉往往由数条密集分布的含矿石英脉构成，含矿石英脉宽一般在10 cm左右，脉体中金属硫化物含量高，金属硫化物主要有毒砂、黄铜矿，其次为磁黄铁矿，少量黄铁矿、锡石等。

本矿区内的锡多金属矿石类型主要为锡石硫化物型锡多金属矿石。

5. **围岩蚀变特征**

本区发育的围岩蚀变主要有硅化、绿泥石化、毒砂化、黄铜矿化、磁黄铁矿化、黄铁矿化锡石化、电气石化、萤石化等。

3.8　下里锑矿地质特征

该矿区位于元宝山岩体北部天友锡铜铅锑成矿区，为已开采完的小型锑多金属矿床。

1. **矿区地层**

矿区内出露的地层为中下元古宙四堡群和上元古宙丹洲群。

中下元古宙四堡群：主要分布于矿区西部，由白云母石英片岩、二云母石英片岩、千枚岩、石英片岩和绿泥石白云母片岩构成。

上元古宙丹洲群：主要出露有拱洞组地层，平行不整合覆盖于四堡群鱼西组之上，岩性主要为灰绿色含砾板岩、粉砂岩，地层产状稳定，70°∠17°，为锑矿体的容矿围岩。

2. **矿区构造**

本区位于元宝山复式褶皱的北东次级老堡向斜的向南倾伏部位，南北向的元宝山复式背斜是本区的主导性构造，控制了本区主要岩体的侵位，元宝山黑云母花岗岩就是沿其核部侵位的。

从区域上看，本区夹于四堡大断裂和三江大断裂之间，本区内中小规模的断裂较发育，按走向可分为北东向和北西向两组断裂。北东向断裂走向 10°~50°，为区域性断裂，长 5~8 km，断裂形成的破碎带宽 2~12 m，其中挤压揉皱片理发育，发育强烈的硅化石英脉，局部发育绿泥石化、黄铁矿化，是本区导矿构造，断裂带中的单个断层大都为倾向 260°~290°，倾角 50°~60°。北西向断裂走向 320°~330°，倾向 230°~240°，为本矿区的容矿构造。

3. 岩浆岩

本区出露的元宝山岩体在九万大山－元宝山地区为第二大岩体，出露面积约 300 km^2，该岩体为复式黑云母花岗岩基，该岩体可划分出两个成岩阶段：第Ⅰ阶段的片麻似斑状黑云母花岗岩阶段和第Ⅱ阶段的中粒、中细粒黑云母花岗岩阶段。该矿区位于元宝山岩体的北东部外接触带。

4. 矿体特征

下里矿区锑矿带主要受北西向断裂控制，矿带呈硅化脉状产出，矿带长 800~1000 m，宽度在 1.2 m 左右；硅化脉中部发育有 20~30 cm 宽的锑矿脉，单个锑矿体长度为 50~60 m。锑矿脉中金属矿物除辉锑矿外，仅含极少量黄铁矿。矿体中辉锑矿含量高；矿脉产状 230°~240°∠50°~65°，矿化在矿体产状较陡处强度增大。脉石矿物主要为带黄色的细粒石英和少量方解石，为典型的中低温产物。

另外，在矿化带两侧发育 1~3 m 的退色化带，矿体上盘的退色化带明显较下盘窄。

5. 围岩蚀变特征

本区发育的围岩蚀变主要有硅化、锑矿化、方解石化和极弱的黄铁矿化。

3.9 甲报锡铜多金属矿点地质特征

该矿区位于融水县北西约 70 km 的安太乡甲报村的唐柳屯－铜山一带，地理坐标为东经 108°58′00″~108°59′30″，北纬 25°24′25″~25°26′00″，面积 10 km^2。

广西区域地质测量队在 20 世纪 60 年代对该区展开了 1/20 万矿产调查，发现了本区的铜矿化。此后，广西有色 272、270 队于 1966—1967 年先后对本区进行了化学探矿工作和地质普查工作，了解了该矿点的矿化特征。1999 年广西 205 队在该点进行矿点检查过程中发现了锡矿化。

1. 矿区地层

矿区内出露的地层为中下元古宙四堡群鱼西组：主要由浅变质砂岩、粉砂岩、粉砂质板岩、千枚岩等构成，其中夹有数层超基性－基性熔岩和火山岩。

2. 矿区构造

由于本区区域构造格架的控制，本区的主导性构造为北东向，摩天岭和元宝山复式背斜分布位于本区的两侧，它们分别控制了摩天岭和元宝山黑云母花岗岩岩基的侵位。甲报矿区位于摩天岭复式背斜的东侧，区内次级褶皱发育，表现为平缓开阔的褶皱，地层产状较平缓，一般为 15°～30°，由于构造作用的影响，层间剥离虚脱构造极为发育，是本区的主要赋矿部位。

本区断裂构造发育，四堡断裂通过本区，其走向为北东 26°左右，倾向北西西，倾角 60°～70°，破碎带内片理化、构造透镜体和糜棱岩化发育，断裂带宽度 20～150 m；沿断裂破碎带有四堡期龙有、蒙洞口、洞格花岗闪长岩体和雪峰期六庙花岗岩体侵入；为本区的区域性大断裂。其次级近南北向断裂发育，是本区的主要导矿构造。

3. 岩浆岩

本区出露了两大花岗岩岩基，摩天岭黑云母花岗岩体是九万大山－元宝山地区的第一大岩基，出露面积达 1000 km^2，位于本区西部，元宝山岩体为九万大山－元宝山地区第二大岩体，出露面积约 300 km^2，位于本区东部；这两个岩体均为复式黑云母花岗岩基，它们可划分出两个成岩阶段：第Ⅰ阶段的片麻似斑状黑云母花岗岩阶段和第Ⅱ阶段的中粒、中细粒黑云母花岗岩阶段。该矿区位于摩天岭岩体的东部接触带，距离摩天岭岩体 4 km。摩天岭黑云母花岗岩体的第Ⅱ成岩阶段的中细粒黑云母花岗岩已经演化成为标准的含锡花岗岩。

4. 矿体特征

甲报矿区锡铜多金属矿化体主要产于四堡群层间裂隙和本区次级背斜轴部的虚脱部位。在铜山一带，目前揭露 5 个锡铜多金属矿化带，矿化带分别在南北长千余米、东西宽约 800 m 的范围内，各矿化带之间相距 100～300 m 不等，它们均沿着一定层位呈南北向展布；其中，Ⅰ号矿化带规模最大，长度大于 400 m，Ⅱ、Ⅲ号矿化带长度均大于 100 m，矿化带厚度一般在 1 至 5 m 之间。现以Ⅰ号矿化带中的矿体为例简述其矿化特征：

锡铜多金属矿体产于次级背斜核部的虚脱构造部位，矿体揭露长度约 20 m，厚度大于 3 m，沿倾向延深不详。矿体由含矿石英脉构成，含矿石英脉主要呈顺层产出，单条含矿石英脉厚度 5～15 cm 不等，产状稳定，有一定的延伸，矿化具有明显的选择性，一般在变质粉砂岩中矿化明显强于千枚岩中的矿化；含矿石英脉的穿层现象不太发育，但在背斜核部中心似有结聚现象。

矿石类型为硫化物型锡铜多金属矿石，矿石矿物成分简单，金属矿物主要为黄铜矿、黄铁矿，少量锡石、辉铜矿等，脉石矿物主要为石英、绢云母等。

5. 围岩蚀变特征

本区发育的围岩蚀变主要有硅化、绿泥石化、黄铜矿化和黄铁矿化等。

3.10 归柳锡铜多金属矿点地质特征

该矿区位于融水县北西约 70 km 的安太乡归柳屯三合村。

1. 矿区地层

矿区内出露的地层为中下元古宙四堡群鱼西组：主要由浅变质砂岩、粉砂岩、粉砂质板岩、千枚岩等构成；其中夹有数层超基性－基性熔岩和火山岩。

2. 矿区构造

由于区域构造格架的控制，本区的主导性构造为北东向，摩天岭和元宝山复式背斜分布位于本区的两侧，它们分别控制了摩天岭和元宝山黑云母花岗岩岩基的侵位。甲报矿区位于元宝山复式背斜的西侧，区内次级褶皱发育，表现为岩层层面波状起伏，由于构造作用的影响，层间破碎构造发育，是本区的主要赋矿部位。

本区断裂构造发育，四堡断裂从本矿区西侧通过，与其平行的归安－曲底断裂通过本区，其走向为北东 26°左右，倾向北西西，倾角 60°～70°；是本区的主要导矿构造。

3. 岩浆岩

本区出露了两大花岗岩岩基：摩天岭黑云母花岗岩体是九万大山－元宝山地区的第一大岩基，出露面积达 1000 km^2，位于本区西部，元宝山岩体为九万大山－元宝山地区第二大岩体，出露面积约 300 km^2，位于本区东部。这两个岩体均为复式黑云母花岗岩基，它们可划分出两个成岩阶段：第Ⅰ阶段的片麻似斑状黑云母花岗岩阶段和第Ⅱ阶段的中粒、中细粒黑云母花岗岩阶段。

4. 矿体特征

归柳矿区锡多金属矿化体主要产于四堡群层间破碎带。矿化体由硅化蚀变带构成，硅化蚀变带一般宽 0.60～1.50 m；硅化蚀变带主要顺粉砂岩与千枚岩的层间破裂面发育，产状 300°∠22°；蚀变带内早期形成的粗粒石英为无色透明状，其内不含矿，矿化与热液型硅化有关，发育有黄铁矿化、绿泥石化和锡矿化等。

矿石类型为硫化物型锡矿石，矿石矿物成分简单，金属矿物为黄铁矿和锡石等，脉石矿物主要为石英、绿泥石、绢云母等。

5. 围岩蚀变特征

本区发育的围岩蚀变主要有硅化、黄铁矿化、方铅矿化、闪锌矿化、绿泥石化、萤石化等。

3.11 上坎－下坎金矿点地质特征

该矿区位于融水县北西约 65 km 的安太乡下坎村。

1. 矿区地层

矿区内出露的地层为中下元古宙四堡群鱼西组：主要由浅变质砂岩、粉砂岩、粉砂质板岩、千枚岩等构成；其中夹有数层超基性－基性熔岩和火山岩。

2. 矿区构造

由于本区区域构造格架的控制，本区的主导性构造为北东向，摩天岭和元宝山复式背斜分布位于本区的两侧，它们分别控制了摩天岭和元宝山黑云母花岗岩岩基的侵位。甲报矿区位于元宝山复式背斜的西侧，区内次级褶皱发育，表现为岩层层面波状起伏，由于构造作用的影响，层间破碎构造发育，是本区的主要赋矿部位。

本区断裂构造发育，四堡断裂从本矿区西侧通过，与其平行的归安－曲底断裂通过本区，其走向为北东26°左右，倾向北西西，倾角60°～70°；是本区的主要导矿构造。

3. 岩浆岩

本区出露了两大花岗岩岩基：摩天岭黑云母花岗岩体是九万大山－元宝山地区的第一大岩基，出露面积达1000 km^2，位于本区西部，元宝山岩体为九万大山－元宝山地区第二大岩体，出露面积约300 km^2，位于本区东部。这两个岩体均为复式黑云母花岗岩基，它们可划分出两个成岩阶段：第Ⅰ阶段的片麻似斑状黑云母花岗岩阶段和第Ⅱ阶段的中粒、中细粒黑云母花岗岩阶段。

4. 矿体特征

上坎－下坎矿区金矿（化）体主要产于四堡群层间破碎带。从民采坑道揭露到的金矿脉由数条细硅化脉构成；根据硅化脉中金属硫化物的成分可分为：

毒砂－石英脉：有两种分布形式，一为宽10 cm左右的脉状顺层分布，局部毒砂呈块状；二为细小脉状沿千枚理分布。主要由毒砂和石英构成。

磁黄铁矿－闪锌矿－石英脉：呈宽为10 cm左右的脉状顺层分布，主要矿物为石英、磁黄铁矿、闪锌矿、少量方铅矿等。

方铅－闪锌矿－石英脉：呈宽为5 cm左右的脉状顺层分布，主要矿物为石英、方铅矿、闪锌矿等。

黄铜矿－黄铁矿－石英脉：呈细小脉状顺千枚理发育，主要矿物为石英、黄铁矿、黄铜矿等。

上述这些脉体共同组成厚度1.5～2 m的金矿脉，产状相对稳定，与围岩地层同步变化，且向深部厚度有增大趋势。另外，在金矿脉中还有变质作用析出的无色石英脉，其石英晶粒相对粗大，往往无矿，仅在局部发育有星闪状和小团块状黄铁矿化。

5. 围岩蚀变特征

本区发育的围岩蚀变主要有硅化、绿泥石化、毒砂化、磁黄铁矿化、铅锌矿化和黄铁矿化等。

3.12 达言村锡铜多金属矿床地质特征

1. 矿区地层

该区位于融水县同练乡达言村，根据已开采出的矿量，可达中小型矿床。矿区内仅出露元古宙四堡群浅变质岩系，四堡群自下而上可进一步分为文通组和鱼西组。

四堡群文通组(Ptsw)：岩性主要为深灰色、灰绿色变质粉砂岩、砂质板岩，下部夹有多层镁铁质喷出杂岩。在文通组顶部有一层流动构造、枕状构造和气孔状构造发育的镁铁质熔岩。

四堡群鱼西组(Ptsy)：分布于矿区北部，主要岩性为一套灰色砂岩、粉砂岩及泥岩。这些岩层呈交替出现，组成规模不等的韵律层，其中砂岩中的交错层理比较发育。

本区的镁铁质岩和粉砂岩都是锡多金属矿体的围岩，镁铁质岩由于本身性脆、内部裂隙发育和本身的化学活动性，为成矿提供了较好的空间条件，对成矿十分有利。

2. 矿区构造

本区的主导性构造为北东向，本区位于摩天岭复式背斜的西翼，摩天岭复式背斜控制了摩天岭黑云母花岗岩岩基的侵位。

本区断裂构造不甚发育，主要为中小型断裂构造，特别是层间构造破碎带，它们是本矿区主要的容矿构造，北东向断裂构造是本矿区的导矿构造。

3. 岩浆岩

本区出露的摩天岭黑云母花岗岩体是九万大山 - 元宝山地区的第一大岩基，出露面积达1000 km^2，位于本区东部，该岩体为复式黑云母花岗岩基，可划分出两个成岩阶段：第Ⅰ阶段的片麻似斑状黑云母花岗岩阶段和第Ⅱ阶段的中粒、中细粒黑云母花岗岩阶段，岩体的岩石化学和地球化学特征表明其第Ⅱ阶段的中粒、中细粒黑云母花岗岩已演化成为含锡花岗岩，对本区锡多金属矿床的形成具有明显的控制作用。

4. 矿体特征

达言村矿区锡多金属矿体主要产于四堡群层间破碎带，特别是变质粉砂岩和镁铁质岩之间的挤压破碎带中。矿化脉由蚀变带构成，在地表出露宽度在1 m左右，产状190°∠56°，矿化蚀变带呈现碎裂状，其上盘为浅变质粉砂岩，发育有3组裂隙的0.1 ~0.2 mm宽的细网脉体个别脉体达0.5 mm宽，裂隙密度1 ~2 条/cm；下盘为镁铁质岩，其中发育强烈的钠长石化，岩石基本上呈灰白色，已基本上能看到暗色矿物。

矿石类型主要为硫化物型锡矿石，矿石矿物成分简单，金属矿物为锡石、黄铜矿黄铁矿等，脉石矿物主要为石英、钠长石、绿泥石、绢云母等。

5. 围岩蚀变特征

本区发育的围岩蚀变主要有硅化、钠长石化、锡矿化、黄铜矿化、黄铁矿化、绿泥石化等。

3.13　思耕锡矿地质特征

1. 矿区地层

该矿区内仅出露元古宙四堡群浅变质岩系，岩性主要为深灰色、灰绿色变质粉砂岩、砂质板岩，下部夹有多层镁铁质喷出杂岩。

2. 矿区构造

本区的主导性构造为北东向，池洞大断裂与四堡大断裂均是北东向的深大断裂，其中池洞大断裂与北东向的摩天岭复式背斜一起控制了摩天岭黑云母花岗岩岩基的侵位，本区位于摩天岭复式背斜的东部；四堡大断裂走向为北东 26°左右，倾向北西西，倾角 60°～70°，破碎带内片理化、构造透镜体和糜棱岩化发育，断裂带宽度 20～150 m；沿断裂破碎带有四堡期龙有、蒙洞口、洞格花岗闪长岩体和雪峰期六庙花岗岩体侵入。上述深大断裂在本区形成了北东向和北西向次级断裂构造。

3. 岩浆岩

本区出露的摩天岭黑云母花岗岩体是九万大山－元宝山地区的第一大岩基，出露面积达 1000 km^2，位于本区东部，该岩体为复式黑云母花岗岩基，可划分出两个成岩阶段：第Ⅰ阶段的片麻似斑状黑云母花岗岩阶段和第Ⅱ阶段的中粒、中细粒黑云母花岗岩阶段。岩体的岩石化学和地球化学特征表明其第Ⅱ阶段的中粒、中细粒黑云母花岗岩已演化成为含锡花岗岩，对本区锡多金属矿床的形成具有明显的控制作用。本区位于摩天岭岩体东部的内接触带，对成矿极为有利。

4. 矿体特征

思耕矿区锡多金属矿体主要产于摩天岭岩体与四堡群地层的内接触带中，内接触带内本身具破碎带性质，在摩天岭岩体内接触破碎带内发育强烈的黄铁绢英岩化，构成矿化脉；破碎带宽度 2.5 m 以上，破碎带产状 249°∠56°，矿体赋存于破碎带下部，厚度 1 m 左右。

矿体中矿石矿物主要有毒砂、黄铁矿，少量黄铜矿和锡石等，毒砂为自形晶，在局部为稠密浸染状分布，黄铁矿为八面体自形晶，稠密浸染状分布，锡石为细粒自形晶，浸染状分布，黄铜矿呈不规则细粒状，稀疏细脉浸染状或小团块状分布，表现为晚期特征。脉石矿物主要有石英和云母，少量绿泥石和电气石；石英颗粒较粗大，云母呈细小片状。

5. 围岩蚀变特征

本区发育的围岩蚀变主要有绢英岩化、毒砂化、黄铁矿化、锡矿化、黄铜矿化、电英岩化、绿泥石化等。

3.14 小结

本章重点对一洞－五地矿区、红岗－沙坪－大坡岭矿区、铜聋山矿区、九毛－六秀矿区、都郎矿区、九溪矿区、甲龙矿区、下里矿区、甲报矿区、归柳矿区、上坎－下坎矿区、达言村矿区、思耕矿区共13个矿区的地质特征分别进行了详细的介绍，主要包括矿区地层、构造特征、岩浆岩、矿(化)体特征、成矿阶段划分、成矿作用、围岩蚀变等内容。

第4章 遥感图像特征与预处理

遥感传感器所接收的是地物的反射光谱信息，信息量巨大，因此，必须借助数字图像处理技术对遥感数据进行处理及解译，以便提取所需的构造信息、矿化蚀变信息以及其他一些找矿指示信息。

4.1 遥感数据源

Landsat-5卫星TM遥感数据为目前应用最为广泛的卫星数据之一，本次研究工作所采用的遥感数据为美国陆地卫星Landsat-5的TM多波段图像数据，其获取的卫星遥感数据波谱段范围包括可见光、近红外及热红外，数据信息非常丰富(图4-1)，在可见光和近红外波段范围其地面分辨率为30 m，热红外波段地面分辨率为120 m。

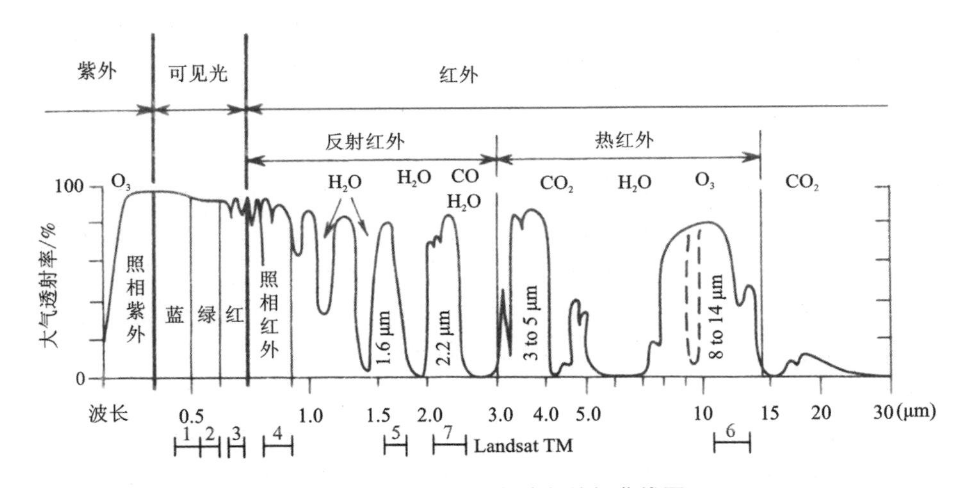

图4-1 TM数据各波段特征曲线图

TM数据的时相选择非常关键，将直接影响到遥感图像处理及找矿效果。由于该区主要有旱季和雨季两个时相的TM图像数据，且旱季气候、降水量和温度等变化较小，因而植物的生理、生态及波谱特征的变化受气候、雨量的影响也相对较小，而且背景区旱季的植物光谱信息的差异比雨季的差异明显得多。另外，旱季的 TM 数据波段间的相关系数也小于雨季，有利于异常信息提取。由于本次目的是利用遥感图像进行地质解译和矿化蚀变信息提取，因此遥感图像时相均选为旱季，即 1987 年 1 月 26 日、1987 年 10 月 26 日、1988 年 10 月 19 日和 1996 年 10 月 25 日(表 4 – 1)。

表 4 – 1　Landsat – 5 TM 数据特征简表

景号	时相	波段	波长/μm	分辨率/m
TM125 – 42	1987 – 01 – 26	B1	0.45 ~ 0.52(蓝光)	30
		B2	0.52 ~ 0.60(绿光)	30
TM125 – 43	1987 – 10 – 26	B3	0.63 ~ 0.69(红光)	30
		B4	0.76 ~ 0.90(反射红外)	30
TM126 – 42	1996 – 10 – 25	B5	1.55 ~ 1.75(近红外)	30
TM126 – 43	1988 – 10 – 19	B6	10.4 ~ 12.5(热红外)	120
		B7	2.08 ~ 2.35(近红外)	30

遥感图像不同波段识别和区分地物的能力不同，各自具有不同的波段效应，因此，必须结合地物波谱特性分析，利用多波段效应识别和区分不同地物。TM 图像的多波段效应分别为[33]：TM1 对水体穿透力强，对叶绿素和色素浓度敏感，植被、水体、土壤等在此波段反射率差别明显，有助于判别水质、水深、水中叶绿素分布、沿岸水流、泥沙情况和近海水域制图，可用于土壤和植物分类。TM2 对水体有较强的透射能力，可反映一定深度水下地形，植物分布范围和生长密度可以得到反映，可用于探测健康植物绿色反射率。TM3 为叶绿素的主要吸收波段，可反映不同植物的叶绿素吸收和健康状况，用于区分植物种类和覆盖度，可用于裸露的地表、植被、土壤、水系、岩石、地层、地貌等的识别。TM4 为水的强吸收和植物的强反射波段，有利于识别与水有关的地质构造和隐伏构造。TM5 处于水的吸收带内，对地物含水量反映敏感，可用于土壤湿度、植物含水量调查、水分状况研究、作物长势分析等。TM6 可用于区分草本植物和木本植物，识别大面积的沙漠化，也可用于研究区域岩浆活动和与人类有关的地表热流变化以及查明断裂构造。TM7 位于水的强吸收带，此波段是绝大多数造岩矿物反射波谱的高峰段，而含氢氧基矿物(如黏土)和碳酸盐矿物(如方解石)具有判别性的特征波谱吸收带，在影像上呈暗色调，所以 TM7 图像对直接出露地表的黏土与碳酸盐矿物较敏感。

4.2　遥感图像预处理

4.2.1　图像镶嵌

由于本次研究工作的工作区处于四幅图像的相接部位(图 4－2)，因此，需要把覆盖研究区的四幅图像配准，进而把这些图像镶嵌起来[34, 35]，便于更好地统一处理、解译、分析和研究。

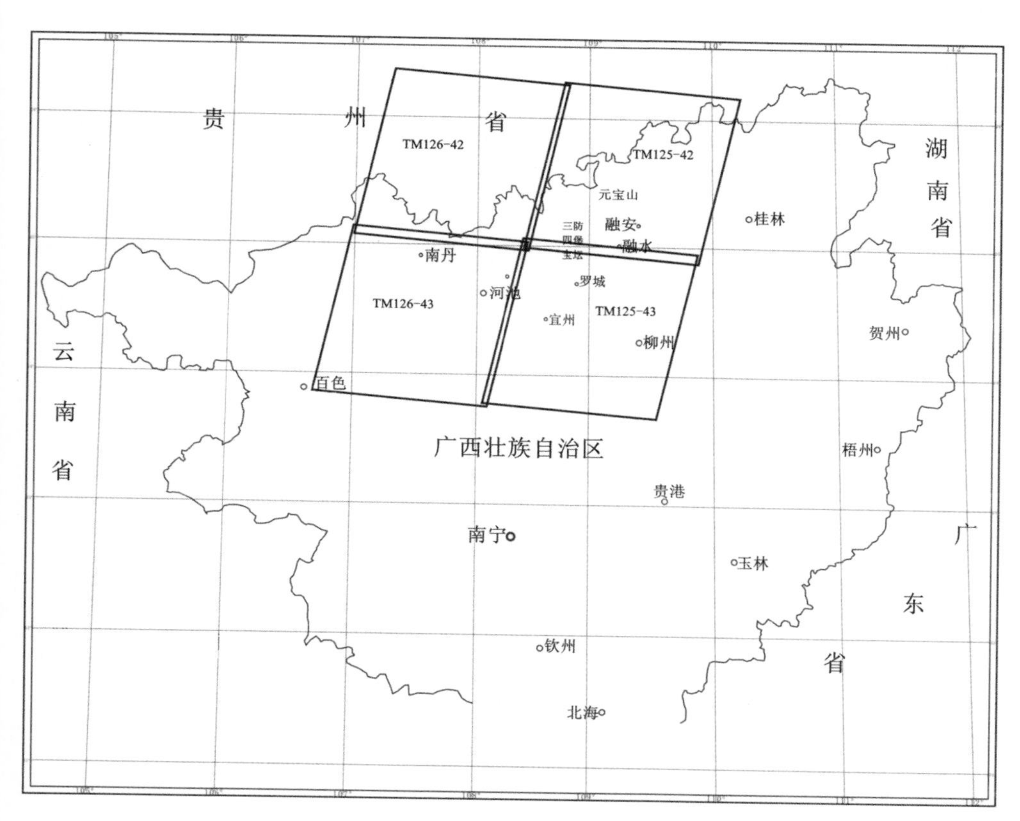

图 4－2　工区卫星遥感图像像幅位置示意图

本次共获得 TM125－42、TM125－43、TM126－42、TM126－43 四幅图像，首先对每一景图像进行中心纠正，使得各个波段中心一致，然后将图像 TM125－43 定为标准像幅，以后的镶嵌工作都以此图像为基准进行，接着确定镶嵌的重叠区，由于无论是色调调整还是几何镶嵌，都是将重叠区作为基准进行的，依次将各幅图像之间的重叠区确定好。又由于各图像的成像时间和成像环境并不相同，图像的亮度差异较大，因此，必须对图像进行色调调整，最后，以图像 TM125－43 为基准，依次将图像 TM125－42、TM126－42、TM126－43 进行镶嵌，最终获得一幅覆盖研究区且色调一致的遥感影像。

4.2.2 几何校正

遥感通过对反映地物电磁波信息的处理分析与解译进行地物识别和专题研究，因此，遥感图像与地质图件必须相互匹配，这里所指的几何校正也就是图像的正北校正，通过图像的几何校正可以使遥感图像与地质图及地形图匹配一致，便于该区遥感图像的处理及解译，使多种信息能够得到综合利用及相互结合，另一方面，通过图像的几何校正也可以实现遥感图像的地理编码。

本次研究的图像校正工作借助于 PCI 软件利用地面控制点法来实现。首先，利用 1∶5 万地形图采集大约 50 个地面控制点，地面控制点一般都选择为明显的地物标志，如河流的交叉口、道路的交叉口以及一些很明显的地物等，并且控制点的选取尽量均匀地分布，在选点过程中要不断地对各个点的误差进行校正，剔除其中一些误差较大的点，直至各个点的误差均控制在允许的范围内，然后就可以进行几何校正了，通过校正就可以获得一幅遥感图与地质图相匹配且具有地理编码的遥感影像图。

4.2.3 子区选取

本次研究工作是针对广西桂北九万大山矿集区的遥感找矿研究，因此，涉及的范围广、矿点多、矿区分散且矿化多样，考虑到该区的地质及地理状况，并结合本次研究工作的实际，将本区划分为 13 个小子区分别进行处理和研究，这样就可以根据各个矿区的实际地理条件及其矿化情况制定特订的研究方案及遥感图像处理方法，将始终把握重点突出、目的明确、有的放矢、分别对待、具体情况具体分析的宗旨和原则，这 13 个子区分别为：一洞－五地矿区、红岗－沙坪－大坡岭矿区、铜聋山矿区、九毛－六秀矿区、都郎矿区、九溪矿区、甲龙矿区、下里矿区、甲报矿区、归柳矿区、上坎－下坎矿区、达言村矿区以及思耕矿区，对这 13 幅子区遥感图像分别添加经纬网、公里网及比例尺。

4.2.4 GPS 定位

本次研究涉及的矿床（点）较多（共有 13 个子矿区），而且遥感图像处理的范围也较广（总面积约 3400 km^2），矿体与围岩一般从色调及纹理上很难区分，为了对矿床的矿体进行遥感图像处理的定量化研究，对于矿体的精确定位是下一步工作的重要前提，因此，在本次研究的外业工作中，对重要地质观察点（如岩体、构造)及矿床所在位置进行实地踏勘的同时，利用GPS定位仪进行了高精度定位，这样不仅定位简单、迅速、准确，而且有了这些高精度的定位资料，利用遥感图像分析有关矿床、矿化点、出露地表的小岩体及一些构造(线性构造、环形构造)等位置时，即可将它们精确地定位在配准纠正的遥感影像图上。这对在此工作的基础上开展矿区构造特征分析及矿床矿化信息提取将十分有利，为后面工作的开展打下了坚实的基础。

4.3　遥感图像多元数据分析及预解译

4.3.1　最佳波段组合

遥感图像信息丰富，不仅包含了地物的波谱信息，而且还反映了地物的空间信息和形态特征。因此，必须充分利用已有的图像资料提取所需的找矿信息，如地层、构造、矿化蚀变等。由于遥感图像的多波段效应，不同波段对不同的地物有特殊的敏感性，在充分了解研究区地质特征的基础上，利用特定的遥感图像波段组合来反映该区的地质现象，为找矿提供更多、更全面的指示信息显得尤为重要。

TM图像最佳波段组合的原则为：

①各波段的标准差要尽可能的大；

②各波段的相关系数要尽可能的小；

③各波段的均值大小不能相差太悬殊；

④选用含有目标物特征谱带的波段。

一般来说，可见光波段主要反映的是地物的颜色和亮度差异；近红外波段主要反映的是植被、氧化铁、黏土矿物及其他含OH^-的矿物、碳酸盐和土壤湿度等特征；热红外波段除反映地面辐射温度进而揭示地物的热性质外，还可以区分不同的硅酸盐矿物和岩石；雷达微波反映地面的粗糙程度和地物的介电性质，并揭示一定深度的地下地质特征。

为了得到一幅信息量丰富、层次分明、色彩饱和度适中且含有目标地物特征信息的彩色合成图像，将选择三个最佳波段进行组合。经大量试验证明，采用最佳波段组合指数法得到的结果很理想。该方法是Chavez(1982)所提出，即用三个波段的标准差及两两之间的相关系数计算一个最佳指数因子*OIF*(optimum index factor)：

$$OIF = \sum_{i=1}^{3} s_i / \sum_{j=1}^{3} |r_{ij}| \qquad (4-1)$$

式中：s_i为i波段的标准差，r_{ij}为第i波段与第j波段之间的相关系数。在众多的组合中，*OIF* 越大说明此三个波段包含的信息量越大，波段间的相关性越小。因此，可选用最佳指数因子 *OIF* 最高的作为最佳组合。

首先，利用遥感图像处理软件的多光谱分析功能计算 TM2 ~ TM5、TM7 波段各波段的平均值(表 4 -2)，从表中可以看出，各波段平均值 TM5 > TM4 > TM2 > TM3 > TM7；标准偏差按从大到小排序为：TM5 > TM4 > TM7 > TM3 > TM2。

表 4 -2　工区 TM 图像各波段平均值及标准偏差

波段	平均值	标准偏差
TM2	25.3652	3.6257
TM3	24.6217	5.1738
TM4	49.3461	12.3540
TM5	56.0729	20.3866
TM7	22.8139	10.2836

然后，对这五个波段进行两两组合，分别计算它们的协方差，得到协方差矩阵(表 4 -3)。

表 4 -3　工区 TM2 ~ TM5、TM7 波段协方差矩阵

波段	TM2	TM3	TM4	TM5	TM7
TM2	13.146				
TM3	17.493	26.768			
TM4	24.791	25.471	152.620		
TM5	59.932	84.113	188.830	415.615	
TM7	31.180	47.024	67.950	197.358	105.753

再计算它们的相关系数，得到它们的相关系数矩阵(表 4 -4)，从表中可以很容易地看出 TM3 与 TM4 的相关系数最小，其次为 TM4 与 TM7、TM2 与 TM4。

表 4－4　工区 TM2～TM5、TM7 波段相关系数矩阵

波段	TM2	TM3	TM4	TM5	TM7
TM2	1.0000				
TM3	0.9325	1.0000			
TM4	0.5535	0.3985	1.0000		
TM5	0.8108	0.7975	0.7498	1.0000	
TM7	0.8362	0.8838	0.5349	0.9414	1.0000

最后，将五个波段每三个一组进行组合，共得到 10（C_5^3）种组合，根据公式计算它们的组合指数因子，得到 10 个组合指数因子值（表 4－5）。

根据最佳指数因子法，指数因子最大的组合效果最好。从表 4－5 中可以看出，TM3、TM4、TM5 组合的指数因子值最大（305.8009），经实验对比后发现，该组合的确效果最佳。将 TM4 波段赋予红色、TM5 赋予蓝色、TM3 赋予绿色合成假彩色图像。

表 4－5　工区 TM2～TM5、TM7 波段组合最佳指数因子

序号	波段组合	组合指数因子	序号	波段组合	组合指数因子
1	2，3，4	102.1675	6	2，5，7	206.5017
2	2，3，5	179.2864	7	3，4，5	305.8009
3	2，3，7	54.9150	8	3，4，7	156.9137
4	2，4，5	275.0111	9	3，5，7	209.0001
5	2，4，7	141.0805	10	4，5，7	302.7816

4.3.2　图像反差增强

图像反差增强又称为对比度增强，它是一种点处理方法，通过对像元亮度值（又称灰度级或灰度值）的变换来实现，使像元亮度值范围扩展到 0～255，从而扩大不同地物之间的亮度差异，达到识别、区分地物的目的。

将 TM3、TM4、TM5 三个波段图像的亮度值动态范围拉伸后合成一幅新的彩色图像，可得到广西桂北九万大山地区遥感假彩色合成影像（图 4－3）。从图像可以看出：该图信息最丰富、图像最清晰、层次最分明，是一幅适宜于图像解译的理想遥感图像。

4.3.3 图像解译

将遥感影像图(彩图 1)作为底图，利用专业软件[36]对整个遥感图像进行解译，解译的重点为构造信息，而构造信息又包括线性构造信息和环形构造信息，作为卫星遥感图像处理的初级阶段，以解译研究区的线性构造信息为主，以此更好地了解该区的区域大地构造背景，通过解译得到广西桂北九万大山地区卫星遥感影像解译图(图 4 – 3)。

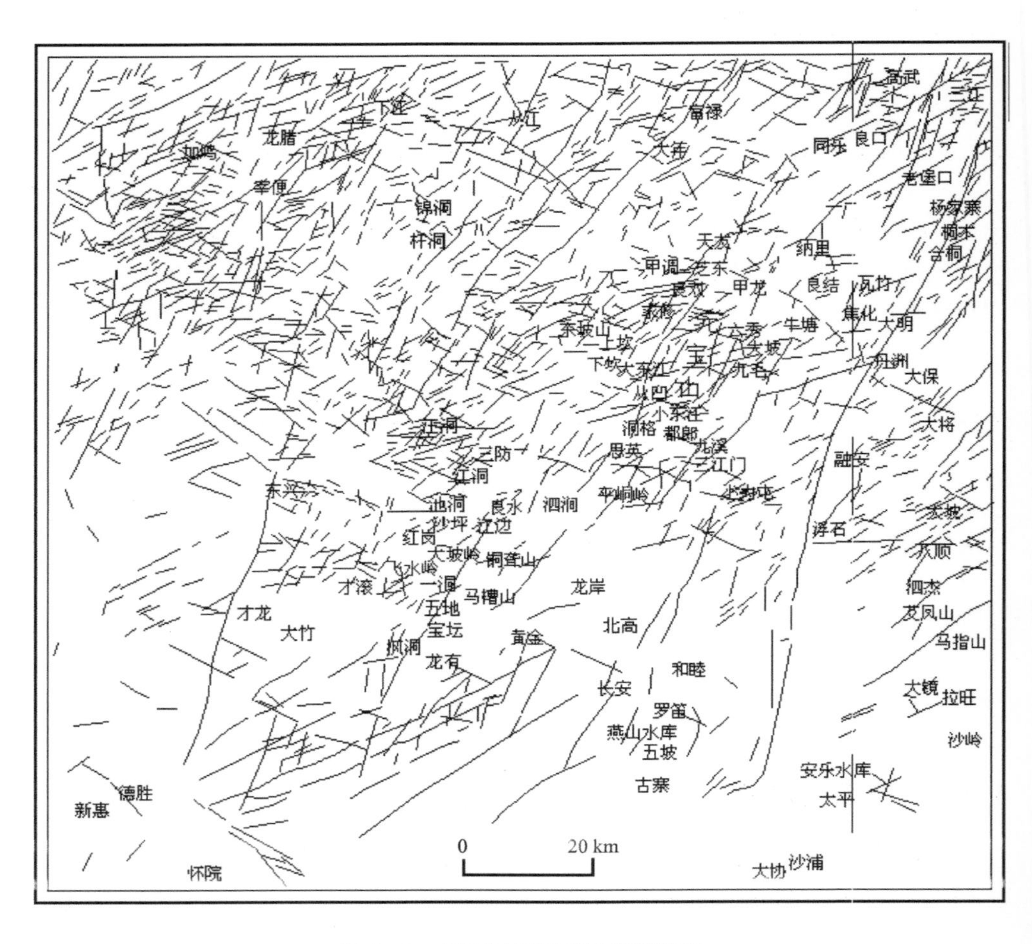

图 4 – 3　工区卫星遥感影像解译图

4.3.4　主成分分析

主成分分析也称 K – L(Karhunen – Loeve)变换，是在统计特征基础上的多维(如多波段)正交线性变换，它也是遥感数字图像处理中最有用的一种变换算法。主成分分析的目的就是把原来多波段图像中的有用信息集中到数目尽可能少的新的主成分图像中，并使这些主成分图像之间互不相关，也就是说各个主成分包含的信息内容是不重叠的，从而大大减少总的数据量并使图像信息得到增强。

主成分分析是一种线性变换[37, 38]，它具有以下特点：

(1)变换前后的方差总和不变，变换只是把原来的方差不等量地再分配到新的主成分图像中；

(2)第一主成分包含了总方差的绝大部分，即信息量最大，其余各主成分的方差依次减少；

(3)变换后各主成分之间的相关系数为零；

(4)第一主成分相当于原来各波段的加权和，反映了地物总的反射强度，其余各主成分相当于不同波段组合的加权差值图像；

(5)第一主成分不仅包含的信息量大，而且减少了噪声，有利于细部特征的增强和分析，适用于进行高通滤波、线性特征增强和提取以及密度分割等处理。

将图像 TM2 – 5、7 各波段进行主成分分析可得其特征向量矩阵(表 4 – 6)。

表 4 – 6　工区 TM2 ~ TM5、TM7 波段主成分分析特征向量矩阵

波段 主成分	TM2	TM3	TM4	TM5	TM7
PC1	0.11940	0.16410	0.39366	0.81143	0.38136
PC2	–0.08864	–0.25482	0.85516	–0.15553	–0.41440
PC3	–0.56804	–0.69830	–0.22999	0.36489	–0.06066
PC4	0.20369	0.20795	–0.23701	0.42909	–0.82157
PC5	–0.78341	0.61423	0.06838	–0.01174	–0.06462

考虑各主组分的特征向量载荷因子值(图 4 – 4)，不难看出，在 PC1 中，各波段特征向量载荷因子皆为正值，说明该分量是各波段亮度值之和的函数。它反映了图像像元总辐射水准，即总亮度值的高低。其中，TM5 载荷因子值最大，其次为 TM4、TM7、TM3、TM2。在 PC2 中，仅有 TM4 为正值，且其绝对值最大，其次为 TM7，其为负值，所以 PC2 反映的主要为影像在近红外波段的信息，TM4 波段反映的主要为植被信息，TM7 波段反映的主要为黏土类矿物的信息，其他波段特

征向量载荷因子绝对值相对较小。在 PC3 中，其特征向量载荷因子在 TM2、TM3、TM4、TM7 波段均为负值，仅在 TM5 波段为正载荷，且负载荷 TM3 的绝对值最大，其次为负载荷 TM2，所以 PC3 图像主要由 TM2 和 TM3 决定。在 PC4 中，特征向量绝对值最大的为 TM7，其次为 TM5，不难发现，TM5 为正值，TM7 为负值，也就是说在 TM5 波段存在反射峰，在 TM7 波段存在吸收谷，因此，PC4 正好增强了富含 OH^- 或碳酸根离子的绿泥石、白云母、方解石、高岭石、明矾石等常见蚀变矿物，其他波段的特征向量载荷因子绝对值均较小。同理，在 PC5 中，TM2 和 TM3 两波段的特征向量载荷因子绝对值较大，符号相反。TM2 为负载荷，TM3 为正载荷，其他波段的特征向量载荷因子值相对都较小，因此，PC5 图像主要是由 TM2 和 TM3 决定。

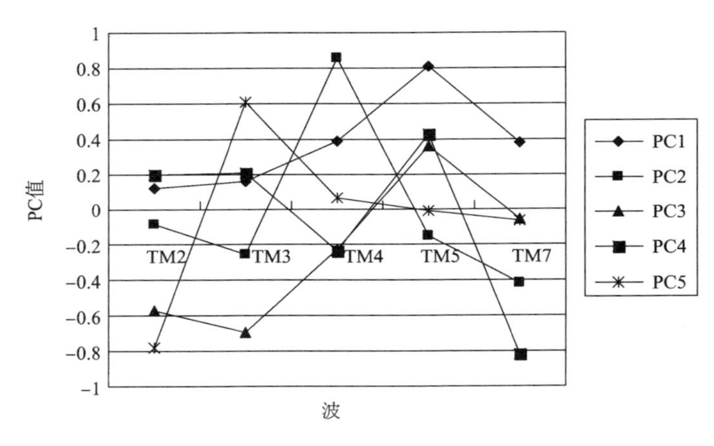

图 4-4　工区 TM2~5、TM7 波段 PC 变换特征向量矩阵曲线图

对主成分 PC1-5 特征(表 4-7)进行分析，不难看出：前三个主成分所占比重高达 99.52%，而第一个主成分所占比重就为 87.66%，说明经变换之后原图像的信息集中分布在分量 PC1、PC2、PC3 上，其中以第一个分量为主，其次为 PC2 和 PC3，而主成分 PC4 和 PC5 上的信息已非常少，其总和仅为 0.47%。

表 4-7　PC1~PC5 特征简表

主成分	特征值	偏差	方差/%
PC1	625.8098	25.0162	87.66
PC2	75.1887	8.6711	10.53
PC3	9.5195	3.0854	1.33

续表4－7

主成分	特征值	偏差	方差/%
PC4	2.6473	1.6270	0.37
PC5	0.7367	0.8583	0.10

4.4　小结

遥感图像处理就是增强并提取影像中有用的微弱信息，因此，对遥感图像进行多元数据分析，以此作为选择特征变量的重要工具，为比值计算、主成分分析等数字图像处理提供最佳变量集。因此，本章始终围绕研究区遥感图像的多元数据分析，对图像进行了最佳波段假彩色合成以及主成分分析，同时，利用专业软件平台对整个图像进行了解译，而将重点放在图像的线性构造信息解译方面，以获得该区的总体线性构造轮廓。

第 5 章　遥感构造蚀变信息提取

遥感技术发展至今，已经在图像数字化处理方面取得了很大的进步[39, 40]，遥感图像处理的最终目的是服务于地质找矿，因此，矿化信息提取在图像处理中显得尤为重要，它也将是遥感找矿的关键所在。在对研究区遥感图像初步解译的基础上，利用现代数字图像处理技术提取各个子区的特征信息[41, 42]，包括地物信息、构造信息及矿化蚀变信息[43, 44]，为圈定找矿预测靶区提供依据。

5.1　遥感信息提取方法

遥感图像处理方法的研究一直以来都是遥感领域研究的重点[45, 46, 47]，遥感技术发展至今，在图像处理方面也已取得了很大进步，如人工智能、小波变换等。遥感图像处理的方法很多[48, 49, 50, 51, 52]，在地学领域常用的主要有：K - L 变换、反差增强、彩色分割、代数运算、滤波等，有许多方法在实际应用中都取得了良好的效果，如 W. P. Longhliu 利用特征主组分分析法成功地提取了美国西部内华达等地的矿化蚀变信息。

5.1.1　K - L 变换

K - L(Karhunen - Loeve)变换也叫主成分分析，是一种适用于较多光谱通道的多元统计图像处理方法，长期以来都是人们用来提取围岩蚀变信息的有效方法之一，深受广大地学工作者的青睐[53, 54, 55]。

以矩阵的形式表示多波段图像的原始数据如下：

$$\boldsymbol{X}=\begin{bmatrix} \boldsymbol{x}_{11} & \boldsymbol{x}_{12} & \cdots & \boldsymbol{x}_{1n} \\ \boldsymbol{x}_{21} & \boldsymbol{x}_{22} & \cdots & \boldsymbol{x}_{2n} \\ \vdots & \vdots & & \vdots \\ \boldsymbol{x}_{m1} & \boldsymbol{x}_{m2} & \cdots & \boldsymbol{x}_{mn} \end{bmatrix}=[\boldsymbol{x}_{ik}]_{m\times n} \tag{5-1}$$

矩阵 $\boldsymbol{X}$ 中，m 和 n 分别为波段数以及每幅图像中的像元数；矩阵中的每一行矢量表示一个波段的图像。K - L 变换的过程如下：

首先，根据原始图像数据矩阵 $\boldsymbol{X}$，求出它的协方差 $\boldsymbol{S}$，$\boldsymbol{X}$ 的协方差矩阵为：

$$\boldsymbol{S}=\frac{1}{n}[\boldsymbol{X}-\overline{\boldsymbol{X}}l][\boldsymbol{X}-\overline{\boldsymbol{X}}l]^{\mathrm{T}}=[\boldsymbol{s}_{ij}]_{m\times n} \tag{5-2}$$

式中：$l=[1, 1, \cdots, 1]_{1\times n}$；$\overline{X}=[\overline{x}_1, \overline{x}_2, \cdots, \overline{x}_m]^{\mathrm{T}}$；

$\overline{x}_i=\dfrac{1}{n}\sum_{k=1}^{n}x_{ik}$（即为第 i 个波段的均值）；

$s_{ij}=\dfrac{1}{n}\sum_{k=1}^{n}(x_{ik}-\overline{x}_i)(x_{jk}-\overline{x}_j)$；$\boldsymbol{S}$ 是一个实对数矩阵。

然后，求 $\boldsymbol{S}$ 矩阵的特征值 $\boldsymbol{\lambda}$ 和特征向量，并组成变换矩阵 $\boldsymbol{T}$。方程为：

$$(\lambda \boldsymbol{I}-\boldsymbol{S})\boldsymbol{U}=0 \tag{5-3}$$

式中：$\boldsymbol{I}$ 为单位矩阵；$\boldsymbol{U}$ 为特征向量。

由上述特征方程即可求出协方差矩阵 S 的各个特征值 $\lambda_j(j=1, 2, \cdots, m)$，将其按 $\lambda_1\geqslant\lambda_2\geqslant\cdots\geqslant\lambda_m$ 排列，求得各特征值对应的单位特征向量（经归一化）$\boldsymbol{U}_j$：$\boldsymbol{U}_j=[\boldsymbol{u}_{1j}, \boldsymbol{u}_{2j}, \cdots, \boldsymbol{u}_{mj}]^{\mathrm{T}}$。

若以各特征向量为列构成矩阵，即

$$\boldsymbol{U}=[\boldsymbol{U}_1, \boldsymbol{U}_2, \cdots, \boldsymbol{U}_m]=[u_{ij}]_{m\times n}$$

$\boldsymbol{U}$ 矩阵满足：

$$\boldsymbol{U}^{\mathrm{T}}\boldsymbol{U}=\boldsymbol{U}\boldsymbol{U}^{\mathrm{T}}=\boldsymbol{I}\text{（单位矩阵）} \tag{5-4}$$

则 $\boldsymbol{U}$ 矩阵是正交矩阵。

$\boldsymbol{U}$ 矩阵的转置矩阵即为所求的 K－L 变换的变换矩阵 $\boldsymbol{T}$，将其代入 $\boldsymbol{Y}=\boldsymbol{TX}$，即得到 K－L 变换的表达式：

$$\boldsymbol{Y}=\begin{bmatrix} u_{11} & u_{21} & \cdots & u_{m1} \\ u_{12} & u_{22} & \cdots & u_{m2} \\ \vdots & \vdots & & \vdots \\ u_{1m} & u_{2m} & \cdots & u_{mm} \end{bmatrix}\boldsymbol{X}=\boldsymbol{U}^{\mathrm{T}}\boldsymbol{X} \tag{5-5}$$

式中：$\boldsymbol{Y}$ 矩阵的行向量 $\boldsymbol{Y}_j=[y_{j1}, y_{j2}, \cdots y_{jm}]$ 为第 j 主成分。

5.1.2　代数运算

代数运算增强图像也是常用的图像处理方法，它是指对两幅或多幅输入图像的对应像元逐个地进行和、差、积、商的四则运算，以产生有增强效果的图像。图像的代数运算可表示为（以两幅图像为例）：

$$g(x, y)=f_1(x, y)::f_2(x, y) \tag{5-6}$$

式中：$f_1(x, y)$ 和 $f_2(x, y)$ 为输入图像；$g(x, y)$ 为输出图像；"::"代表加、减、乘或除。

不同的代数运算所增强图像的侧重点有所不同，如通过图像相加求平均可以减少图像的随机噪声；图像相减运算可以反映图像的时相变化，也可以增强多波段图像不同波段之间的差别；图像相乘常用于卷积运算，有利于增强图像的外部轮廓；而图像相除在遥感图像处理中就更为常用，也就是通常所说的比值运算，通过比值运算可以扩大不同地物之间的光谱差异，还可以用于消除或减弱地形阴影、云等所造成的不利影响。其中图像相减和相除在实际中应用更为广泛，尤其是比值增强法(表5－1)，如TM5/4可以增强硅化、褐铁矿化信息；TM4/3显示植被信息，是最佳植被指数，同时也可以增强铁的氧化物的红外信息；TM5/7显示与黏土化有关的矿化蚀变信息；TM1/3显示氧化带基岩为暗色；TM7/1可以反映氧化铁帽信息，这些都是前人通过大量实验得出的一般规律，在不同的地区、不同的环境下图像增强的效果会有所不同。因此，必须根据具体的环境来选择不同的波段比值方法，利用多元数据分析法选择不同的波段比值变量，有条件的话，可以对研究区的不同地物波谱进行测试，从而有针对性地选择用于比值处理的变量，这样所得到的波段比值处理效果将会更加理想。

表5－1　TM数据波段比值特征简表

波段比值	增强信息
1/3	显示氧化带基岩为暗色
4/3	显示植被信息，是最佳植被指数
5/1	显示富铁岩类为浅色(因铁在小于1.0 μm的波长范围内有吸收)，对铁帽反应比较敏感
5/4	最佳植被指数，可反映植被毒害程度，显示富铁和富二氧化硅岩类为浅色(因褐铁矿在0.85 μm处有吸收带)
5/7	显示黏土化为浅色(因Al－OH在2.0～2.5 μm处有吸收)
7/1	反应氧化铁帽信息

(据童庆禧等，1994)

5.1.3　彩色分割

彩色分割也是遥感图像增强处理最常用的方法之一，在遥感图像处理中广为应用，尤其是在矿化蚀变信息提取增强图像中更为常用，其效果也相当理想，经彩色分割后的图像类似化探异常图，不仅标出了蚀变异常的位置，也反映出蚀变的强弱程度，具有直观、层次分明、重点突出等诸多优点。

现以最常用的灰度取阈法对图像分割进行简要介绍。首先，对图像$f(x, y)$中的每一行进行检测，产生的中间图像$f_1(x, y)$的灰度级遵循如下原则：

$$f_1(x, y)=\begin{cases} L_E & f(x, y)\text{和}f(x, y-1)\text{处在不同的灰度级区间内} \\ L_B & \text{其他} \end{cases}$$

式中：L_E和L_B分别是指定的边界和背景的灰度值。

然后，对图像$f(x,y)$中的每一列进行检测，产生的中间图像$f_2(x,y)$的灰度级遵循如下原则：

$$f_2(x,y)=\begin{cases}L_E & f(x,y)\text{和}f(x-1,y)\text{处在不同的灰度级区间内}\\ L_B & \text{其他}\end{cases}$$

故用阈值T定义的景物和背景的边缘图像$g(x,y)$可表示为：

$$g(x,y)=\begin{cases}L_E & f_1(x,y)\text{或}f_2(x,y)\text{中的任意一个等于}L_E\\ L_B & \text{其他}\end{cases}$$

如二值图像可表示为：$g(x,y)=\begin{cases}1 & \text{当}f(x,y)\geq T\\ 0 & \text{当}f(x,y)<T\end{cases}$

分割的目的是把图像分成一些带有某种专业信息意义的区域，这样可以满足不同学科的应用要求。分割的过程也是一种标记的过程，通过对一些区域赋予特定的标记值，而另外的区域又赋予其他不同的标记值，将专业区域或所感兴趣的区域用醒目或明显的标记值显示出来，可以达到很好的图像分割效果。在地质应用领域，彩色分割常用于对矿化蚀变信息的增强，通常将矿化蚀变区域用非常醒目的色调表示出来，这样不仅可以达到很好的视觉效果，还可以对矿化蚀变信息的强弱进行分辨，因此，受到广大遥感地学工作者的普遍欢迎。

5.1.4　假彩色增强

遥感图像假彩色增强也叫假彩色合成，是遥感图像增强处理中最常用的方法之一。假彩色增强的目的就是将反映在不同波段上的差异综合地反映出来，扩大地物之间的差异，提高地物判译效果。实际工作中的遥感图像一般都是假彩色合成的，通过这一处理可以使图像色调清晰、饱和度适中，提高图像的可解译程度。其方法就是选定三个波段的图像，然后分别将其赋予红色、绿色、蓝色三种颜色，建立每个波段的亮度与彩色的变换表，再将变换结果合成便得到了假彩色合成图像(图5-1)。假彩色合成关键在于正确选择彩色变换表，并尽可能地扩大彩色级的动态范围。在图像假彩色合成中波段的选择也显得尤为重要，不仅要达到色调、饱和度方面的要求，而且对于专业图像处理来说，要有目的性地增强某一些地物标志，因此，就必须选择能增强这一地物标志的波段，如要突出植被信息就可以选择有利于增强植被的波段，TM2、TM3、TM4波段均能从不同方面达到这一要求，然后将不同波段分别赋予特定的颜色，即可得到假彩色合成图像。对于不同的专业应用，要求不同导致波段的选择也会有很大的差别，如对于地学领域而言常要突出地层、构造等信息，而对于农业或林业应用而言常常要突出植被等信息，对于水利应用而言可能要突出水体等信息。因此，在进行假彩色合成的同时也必须掌握遥感图像的多波段效应，为彩色增强提供最佳变量。

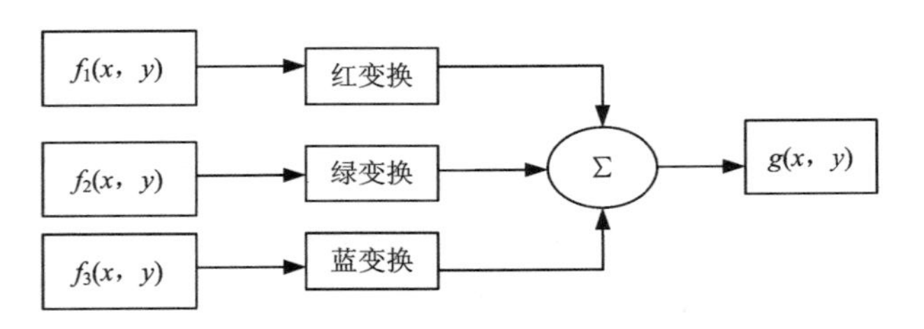

图 5－1　假彩色合成模式图

5.1.5　*IHS* 变换

IHS 变换也称为彩色变换或蒙塞尔(Munsell)变换，是遥感图像增强处理常用的方法之一。在遥感图像处理中通常应用的有两种彩色坐标系，即 *RGB* 坐标系和 *IHS* 坐标系，*IHS* 变换就是实现 *RGB* 空间与 *IHS* 空间之间的变换，其中 *RGB* 空间是从物理学角度出发描述颜色，而 *IHS* 空间则是从人眼的主观感觉出发描述颜色。由于 *RGB* 空间用红色、绿色、蓝色三原色的混合比例定义不同的色彩，使得不同的色彩难用准确的数值来表示，从而难以进行定量分析；同时，当彩色合成图像通道之间的相关性很高时，会使合成图像的饱和度偏低，色调变化不大，图像的视觉效果差，而 *IHS* 坐标系则可以克服以上缺点，利用 *IHS* 变换使图像在 *I*、*H*、*S* 坐标系中进行有目的的处理，然后再反变换到 *R*，*G*，*B* 坐标系进行显示，使图像彩色增强获得更佳的效果，并可使不同分辨率的图像进行符合获得最佳的综合显示效果。

实现 *IHS* 变换就要实现 *IHS* 空间与 *RGB* 空间的相互转换(表 5－2)，必须确定两个坐标之间的相互关系，建立适合于计算机处理的数学模型，从 *R*，*G*，*B* 到 *I*，*H*，*S* 的变换为 *IHS* 正变换，从 *I*，*H*，*S* 到 *R*，*G*，*B* 的变换为 *IHS* 反变换。在色度坐标系模型中，用三原色各自在 *R*，*G*，*B* 总量中的相对比例来表示，因此，颜色的色度坐标 r，g，b 为：

$$\begin{cases} r = R/(R+G+B) \\ g = G/(R+G+B) \\ b = B/(R+G+B) \end{cases} \tag{5-7}$$

由式(5－7)可知 $r+g+b=1$，且任意一种颜色在色度坐标中表示成一个色点 $P(r, g, b)$。

表5-2 *IHS*变换公式

条件	正变换计算公式	反变换计算公式
$R>B\leqslant G$ 或 $0\leqslant H<1$	$I=1/3(R+G+B)$ $H=\dfrac{(G-B)}{3(I-B)}$ $S=1-B/I$	$R=I(1+2S-3SH)$ $G=I(1-S+3SH)$ $B=I(1-S)$
$G>R\leqslant B$ 或 $1\leqslant H<2$	$I=1/3(R+G+B)$ $H=\dfrac{(B-R)}{3(I-R)+1}$ $S=1-R/I$	$R=I(1-S)$ $G=I(1+5S-3SH)$ $B=I(1-4S+3SH)$
$B>G\leqslant R$ 或 $2\leqslant H<3$	$I=1/3(R+B+G)$ $H=\dfrac{(R-G)}{3(I-G)+2}$ $S=1-G/I$	$R=I(1-7S+3SH)$ $G=I(1-S)$ $B=I(1+8S-3SH)$

*IHS*变换在遥感图像处理中作用非常广泛，如进行不同分辨率遥感图像的合成显示、增加图像的饱和度、对亮度(I)滤波、多元数据的综合显示、对图像色调进行分段扩展等。在地质找矿应用领域里，*IHS*变换也取得了很好的效果，出现了许多成功的案例，尤其是在利用遥感图像提取含金石英脉的实践中更为成熟。在实际工作中还应结合具体的情况灵活应用，如通过多元数据分析法选择单个或多个分量进行拉伸、滤波、直方图匹配等相关处理，这样得到的遥感图像处理效果将会更加理想。

5.2 遥感信息提取思路与流程

遥感图像处理的方法很多，它们各具优势、各有侧重，对于地质找矿应用领域而言，增强和提取矿化蚀变信息是其最终目的，但是由于植被覆盖、地形影响等因素的干扰，这些矿化蚀变信息在图像上表现为一种弱信息，利用单一或简单的图像处理方法很难提取出来，因此，必须采用多种方法，逐步排除干扰信息，将矿化蚀变信息从中分离出来。本次研究工作在充分考虑研究区地质情况、围岩蚀变、植被影响等因素的基础上，采用一种或多种最优遥感图像矿化蚀变信息提取方法(主要为主成分分析法、波段比值法、假彩色增强法、彩色分割法等)来提取矿化蚀变信息，将多元数据分析作为选择特征变量的重要工具，为主成分分析、波段比值、假彩色增强、彩色分割等方法选取最佳变量，一般首先采用假彩色增强法来提取、解译本研究区的构造等信息，然后采用“波段比值 + 主成分分析”或采用单一方法来增强、提取矿化蚀变弱信息，同时由于这些信息中又包含有大量的干扰信息，因此，又必须将其剔除，一般采用掩模、彩色分割等遥感图像增强方法逐步去除(图 5 - 2)。在本次遥感图像矿化蚀变信息提取的过程中，将多元数据分析摆在非常重要的位置，充分考虑遥感数据特征及各类地物(主要为围岩蚀变岩)的光谱特征，选择最佳遥感图像处理变量，同时，结合研究区的地形、地貌、植被覆盖情况等特点，选择最优矿化蚀变信息提取方法。在遥感图像处理的过程中，对研究区构造信息进行同步解译，充分考虑线性构造、环形构造对成矿的作用，将构造信息、矿化蚀变信息综合集成，同时采用最新提出的“微差信息处理”理论，将未知矿化异常区与已知矿区的异常信息进行类比，推导出结论，从而来综合预测找矿靶区。

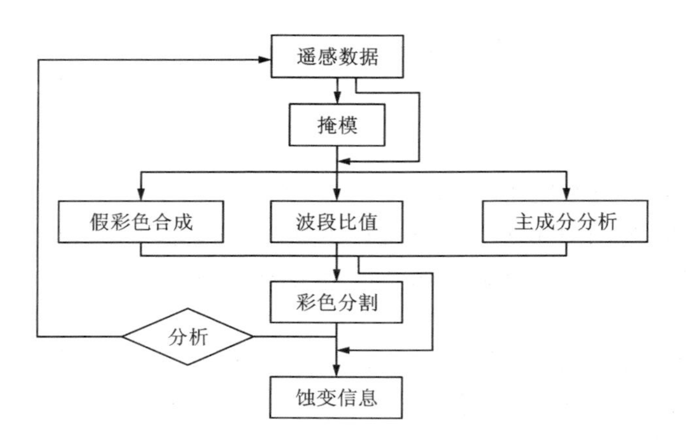

图 5 - 2　遥感图像信息提取流程图

5.3　子区遥感构造蚀变信息提取

5.3.1　一洞 - 五地矿区信息提取

将一洞 - 五地矿区遥感图像 TM7、TM5、TM2 波段分别赋予红色、绿色、蓝色进行假彩色合成(彩图 2)，再对图像进行线性增强处理，添加公里网、经纬网和比例尺，可得本区 1∶50000 遥感假彩色合成图像。该图像色调清晰、层次分明，可解译程度高。

从彩图 2 可以看出，北部和东北部呈深绿色，主要为高山区，植被覆盖较厚，反映的信息比较单一；西南部多为绛蓝色，属低山区，反映的信息比较丰富；东部和东南部为红色到紫色，为低平区；在该区的中部，特别是矿区周围，有较多黄色区域，可能系矿化蚀变影响所致。

对矿区遥感图像TM2～TM5、TM7波段作主成分分析，得到五个主成分图像，其特征向量矩阵如表5－3所示。

表5－3 一洞－五地矿区遥感图像TM1～TM5、TM7波段主成分分析特征向量矩阵

主成分	特征向量矩阵					特征值/%
	TM2	TM3	TM4	TM5	TM7	
PC1	0.12871	0.15276	0.49334	0.78033	0.32834	89.84
PC2	－0.13489	－0.29004	0.81170	－0.26005	－0.41375	9.07
PC3	－0.57316	－0.64425	－0.24793	0.42611	－0.11573	0.72
PC4	0.37781	0.12968	－0.18701	0.37384	－0.81591	0.28
PC5	－0.70285	0.67872	0.03622	0.04628	－0.20468	0.10

从表5－3可以看出，在PC4中，TM5波段出现反射峰，TM7波段出现吸收谷，根据矿物的波谱特性，PC4有利于增强含OH^-或碳酸根的绿泥石类矿物，因此，选用第四主成分同TM5和TM7进行彩色合成，可得到矿区卫星遥感信息提取图像(彩图3)。

从彩图3可以看出，沿河道两旁约两公里宽的地带，在遥感影像上出现许多浅黄色斑状区域，其分布范围与一洞地区锡多金属矿及其表生氧化物的分布有密切的空间相关关系，估计是矿化蚀变引起的颜色异常。

通过对一洞－五地矿区1/50000遥感假彩色合成图像(彩图2)进行构造解译(图5－3)，结果表明，在一洞矿区范围内，存在一个直径5～6 km的大型环形构造，该环形构造主要通过微地貌和影响颜色变化表现出来。在该大型环形构造内，还发现4个环形－半环形构造，直径0.7～2 km。一洞矿床产在大型环形构造的中心偏东北部位，从环形构造的影像特征来看，这些环形构造可能系隐伏岩体和岩体周围的热液蚀变作用产生。

在一洞－五地矿区的卫星遥感影像图上可明显观察到四组方向的断裂构造(图5－3)：近南北向、北北东向、北东东向和北西西向，其中，以北东东向和近南北向最为发育，一洞矿区的锡多金属矿床(脉)主要受近南北向、北北东向和北西西向断层所控制(彩图4)。近南北向－北北东向断裂是区内最主要的控矿断裂构造，它们不断控制了区内岩浆岩(平英岩体)的侵入，也是区内重要的导矿构造和容矿构造。

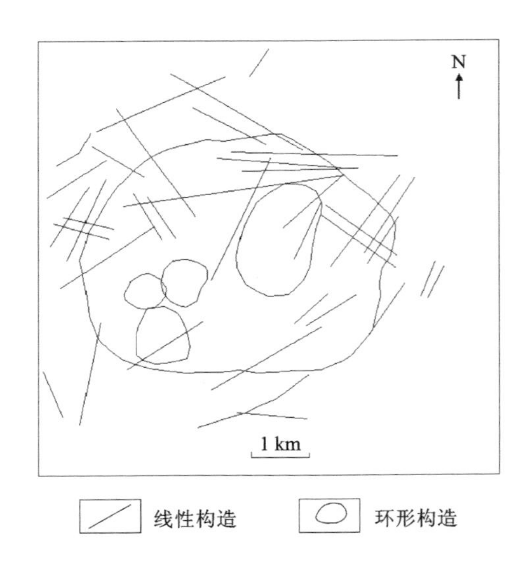

图5－3　一洞－五地矿区构造解译图

5.3.2　红岗－沙坪－大坡岭矿区信息提取

将红岗－沙坪－大坡岭矿区遥感图像按TM7（R）＋TM5（G）＋TM2（B）进行假彩色合成，可得一幅新的彩色图像（彩图5）。

从彩图5可以看出，图像以浅绿色－深绿色、紫红色、黄色为基本色调。不难发现，图像中部呈深绿色，属高山区，反映的主要为植被信息，信息内容也比较单一；图像东部和西部均呈浅绿色以及少量的紫红色和黄色，其中的紫红色条带为小溪或河流，呈断续延伸；另外，在图像中还见有少量的橘红色图斑，其为该地村落。

从图5－4可以看出，红岗－沙坪－大坡岭矿区及矿区周围存在较多的环形构造。首先，红岗附近有一个较大的环形构造，其直径为1.5～2 km，在此环形构造里面还有一个直径约1公里的小型环形构造，红岗矿点就位于该大型环形构造的中心偏西部位，大致在小型环形构造的西轮廓线上，为一有利的成矿环境。在图像的东部可见有三个大小不等的半环形－环形构造依次排列，环形构造的中心大致位于一条直线上，呈北东走向，环形构造大者直径为2～2.5 km，小的直径也约为1.5 km，另外，在大的环形构造里面还有小的环形构造，其直径也在1公里左右，沙坪矿点位于此三个环形构造的最北端，靠近河流的位置。该区线性构造主要有北东向、北北东向、北西向和近东西向几组断裂，其中北东向断裂多被北西向断裂所切割，呈断续延伸，因而其形成时期也早于北西向断裂，另外，在圆环附近线性构造比较发育，为成矿提供了有利的导矿和容矿环境，因此，从构造的角度分析，环形构造周围为一有利的成矿部位，具有较大的成矿远景。

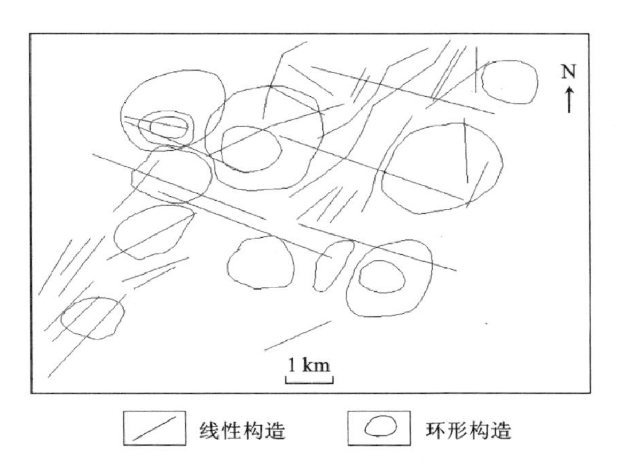

图5-4 红岗-沙坪-大坡岭矿区构造解译图

本区发育的围岩蚀变主要有绿泥石化、硅化、电气石化、锡石化、黄铜矿化和黄铁矿化等。因此，本次主要采用主成分分析法，结合多元数据分析进行该矿区的遥感信息提取。对矿区遥感图像TM2~TM5、TM7波段作主成分分析，可得其特征向量矩阵(表5-4)。

表5-4 红岗-沙坪-大坡岭矿区遥感图像TM2~TM5、TM7波段主成分分析特征向量矩阵

主成分	特征向量矩阵					特征值/%
	TM2	TM3	TM4	TM5	TM7	
PC1	0.11171	0.12329	0.58043	0.74552	0.28216	91.63
PC2	-0.16846	-0.29303	0.75836	-0.35370	-0.43075	7.16
PC3	-0.56772	-0.62339	-0.25179	0.44605	-0.16345	0.81
PC4	0.37525	0.18408	-0.15356	0.34551	-0.82604	0.29
PC5	-0.70429	0.69024	0.03182	0.02739	-0.16058	0.10

从表5-4可以看出，K-L变换使图像数据得到了有效压缩，主成分PC1和PC2集中了图像的绝大部分信息，而其他主成分所含信息量相对较少。考虑各主组分特征向量载荷因子，不难发现，主成分PC2特征向量正载荷因子和PC4特征向量负载荷因子对提取矿化信息贡献相对较大，另外，由于在PC4中，TM5表现

为反射峰，TM7 表现为吸收谷，有利于增强含 OH^- 或碳酸根的绿泥石类矿物，因此，取 PC2 的正值和 PC4 的负值参与彩色合成，取 PC4 的正值以提取绿泥石类矿区的信息，最后，将 PC－4(R)＋PC2(G)＋PC4(B)进行彩色合成，可得矿区的遥感信息提取图像(彩图 6)。

从彩图 6 可以看出，矿区卫星遥感信息提取图像色调清晰，总的来说，以黄色、蓝色、红色为基本色调。不难发现，在遥感信息提取图中小溪、河流等水域范围得到了明显增强，呈红色色调，大多呈条带状弯曲延伸；另外，在图中还有一些红色的斑状区域，主要集中分布在图像的西部，尤其是中西部和西北角上。从红色斑状区域的空间位置来看，其主要集中在环形构造里面以及外围，与环形构造有较为密切的空间相关关系，因此，从构造成矿的角度来看，其处于成矿非常有利的部位，同时，此处又有较多的北北东向和北东向线性构造通过，具备了导矿和容矿环境，因此，红色斑状区域可能系矿化蚀变所引起的色调异常。

5.3.3 铜聋山矿区信息提取

将铜聋山矿区卫星遥感图像按 TM7(R)＋TM5(G)＋TM2(B)进行假彩色合成，再对图像进行线性增强处理，获得该矿区一幅新的彩色图像(彩图 7)。

从彩图 7 可以看出，在图像的西部有一条近南北向河流通过，在图像上其呈现蓝色色调，在河流两旁均有白色的条带状区域以及蓝色－浅蓝色区域，可能由于河流两旁区域湿度较大所致。从整个图像来看，以浅绿色－深绿色色调为主，有部分蓝色、粉红色、浅黄色区域。图中绿色区域为山区，图像反映的主要为植被信息，信息比较单一，地层、岩体及构造信息揭露很少；图中的粉红色图斑为居民生活区，大多分布在离河流不远的区域范围内；另外，在图像中部偏南西方位有一椭圆形－半环形构造，其直径为 2～3 km，从该环形构造的影像特点来看，其主要通过微地貌表现出来，在 TM7、TM5、TM2 彩色合成图像中呈正地形。在该环形构造里面还有两个大小近似的小环形构造，从空间关系来看，两个小环形构造近似切交，呈近东西向排列，其直径为0.8～1.5 km，位于大环形构造的近中心部位。该区线性构造以北东向和北西向为主，尤其在大环形构造周边部位线性构造比较发育，有一北西向线性构造通过环形构造中心部位，穿过该环形构造，因此，该环形构造区域为一有利的成矿部位，具备了导矿和容矿的诸多线性构造(图 5－5)。铜聋山矿区位于大型环形构造的大致中心部位，并且是大型环形构造与小型环形构造的重叠部位，这些环形构造可能系岩体周围热液蚀变影响所形成。

对矿区遥感图像 TM2～TM5、TM7 波段作主成分分析，可得其特征向量矩阵(表 5－5)，并用曲线图形式直观地表示出来(图 5－6)。

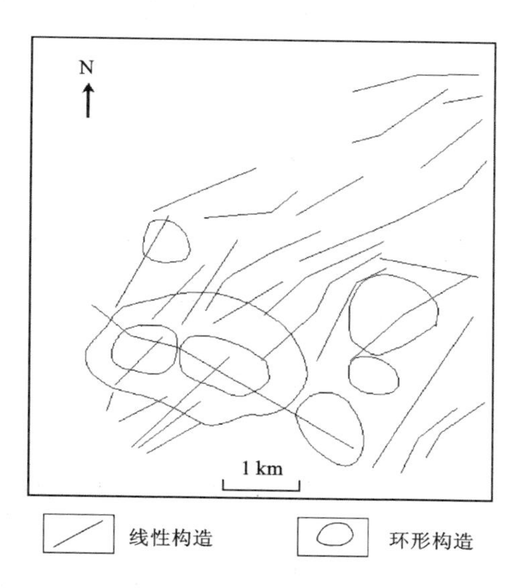

图5-5 铜聋山矿区构造解译图

表5-5 铜聋山矿区遥感图像TM2～TM5、TM7波段主成分分析特征向量矩阵

主成分	特征向量矩阵					特征值/%
	TM2	TM3	TM4	TM5	TM7	
PC1	0.13682	0.17672	0.39750	0.80703	0.37517	87.72
PC2	-0.14456	-0.30331	0.82871	-0.11632	-0.43221	10.73
PC3	-0.52542	-0.63529	-0.32587	0.44603	-0.12332	1.09
PC4	0.27463	0.29819	-0.21297	0.36902	-0.80878	0.37
PC5	-0.78032	0.61989	0.06064	-0.00740	-0.05575	0.09

从表5-5和图5-6可以很直观地看出，在PC1中，各特征向量载荷因子均为正值，其中TM5为最大的正载荷因子；在PC2中，对主成分贡献率最大的为TM4波段，且为正的载荷，其次为负载荷TM7及TM3，其他特征向量载荷因子值相对都较小；在PC3中，主要为负载荷因子对主成分贡献率较大，绝对值最大的为负载荷因子TM3，其次为负载荷因子TM2，因此，主成分PC3反映的主要为TM3和TM2波段的信息；在PC4中，TM5波段表现为反射峰，TM7波段表现为吸收谷，因此，主成分PC4增强了含 OH^- 或碳酸根的矿物信息；同理，在PC5中，TM2波段特征向量载荷因子为负值，但绝对值最大，其次为TM3波段的特征向量

载荷因子，其他三个波段的特征向量载荷因子值均相对较小，故 PC5 反映的主要为 TM2 和 TM3 波段的信息。

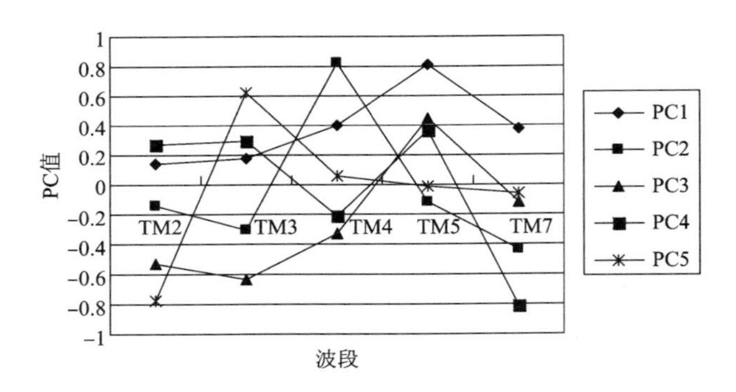

图 5－6　铜聋山矿区 TM2～TM5、TM7 波段 PC 变换特征向量矩阵曲线图

本区发育的围岩蚀变主要有：绿泥石化、硅化、黄铜矿化和黄铁矿化等，因此，将 PC2/PC1(R)＋TM2/TM3(G)＋TM4/TM3(B)进行彩色合成，再对图像进行根增强处理，可得该矿区的遥感信息提取图像(彩图 8)。

从彩图 8 可以看出，图像基本色调为黄色、蓝色、橘红色、紫红色以及紫黑色。图中小溪或河流非常明显，呈橘红色调；另外，不难发现，在图中有较多的紫黑色斑点，主要分布在图像的西部，河流以东，经对比研究，铜聋山矿区位置分布有较多的紫黑色斑点异常，因此，此色调异常与该矿区具有密切的空间相关关系，可能系矿区矿化蚀变所引起的色调异常。铜聋山矿区的南部和北部约 1.5 km的位置均出现较为密集的紫黑色调异常，其中矿区南部的色调异常区大致位于环形构造的南部轮廓线上，具有较好的成矿远景，矿区北部的色调异常也可能系矿化蚀变所致，有较大的成矿潜力。

5.3.4　九毛－六秀矿区信息提取

本矿区位于元宝山黑云母花岗岩体东部边缘地带，在 TM7(R)＋TM5(G)＋TM2(B)假彩色合成图像中(彩图 9)以深绿色调为主，其中矿区部位为黄白色至棕红色，河谷地带为紫色，居民区呈粉红色。由于该区水系很发育，导致纹理非常清晰。本区构造特别发育，主要以近南北向、北东向和北西向三组断裂为主要线性构造。

矿区主要的矿化蚀变有白云母化、硅化、云英岩化、电气石化、绿泥石化、黄铁矿化等，因此，我们对遥感图像 TM2～TM4、TM7 波段作主成分分析，可得其特征向量矩阵(表 5－6)，并用曲线图直观地表示出来(图 5－7)。

表 5－6　九毛－六秀矿区遥感图像 TM2～TM4、TM7 波段主成分分析特征向量矩阵

主成分	特征向量矩阵				特征值/%
	TM2	TM3	TM4	TM7	
PC1	－0.19199	－0.24886	－0.73911	－0.59576	77.92
PC2	－0.14591	－0.37615	0.66831	－0.62497	19.46
PC3	0.52723	0.68657	0.03447	－0.49946	2.39
PC4	－0.81479	0.57027	0.07678	－0.07089	0.23

从表 5－6 可以看出，经主成分变换后，PC1 中集中了图像的大部分信息，占整个图像信息的 77.92%，其次为 PC2 和 PC3，分别占总信息量的 19.46% 和 2.39%，而 PC4 中的信息非常少，仅为 0.23%，因此，经 K－L 变换后，图像信息得到了有效压缩。由各主组分特征向量的载荷因子值可以看出，在 PC1 中，各主组分特征向量载荷因子值均为负值，其中 TM4 波段载荷因子绝对值最大，其次为 TM7；在 PC2 中，对主成分贡献率最大的也为 TM4，其次为 TM7，因此，PC1 和 PC2 反映的主要都是 TM4 和 TM7 波段的信息；在 PC3 中，两个正载荷因子值对主成分贡献率较大，分别为 TM3 和 TM2，其次为负载荷因子 TM7；同理，在 PC4 中，TM2 波段的特征向量载荷因子值为负值，但其绝对值最大，其次为正载荷因子 TM3，而其他波段的特征向量载荷因子相对都较小，因而 PC4 主要由 TM2 和 TM3 波段所决定。

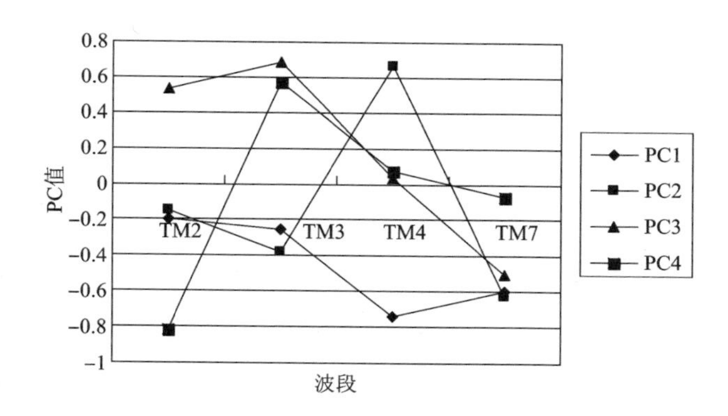

图 5－7　九毛－六秀矿区 TM2～TM4、TM7 波段 PC 变换特征向量矩阵曲线图

将 PC1、PC2、PC3 分别赋予红色、绿色、蓝色进行遥感图像假彩色合成，可得矿区卫星遥感信息提取图像(彩图 10)。

从彩图 10 可以看出，图像以红、绿、紫及黑色为主，其中蓝色色调反映的主要为水体信息；红绿色调呈相间的条带状排列，其走向为近东西向—北东向；另外，在图中有较多的黑色到紫黑色区域，其主要集中分布于图像的西南角，在图像中部偏东南部位也见有紫色－黑色的色调异常区，但分布范围较前者少，且分布也相对较分散，有的地方仅有少量的零星分布，该异常与矿区有密切的空间相关关系，九溪矿区就位于西南角的黑色－紫黑色色调异常区内，因此，该色调异常可能系矿化蚀变影响所致；在图像的东北角和西北角也见有矿化蚀变引起的紫黑色色调异常，但分布零星，不成规模。因此，在本区的西南角部位和图像的中部偏下部位有较好的找矿远景。

5.3.5 都郎矿区信息提取

将都郎矿区卫星遥感图像按 TM7(R) + TM5(G) + TM2(B)进行假彩色合成，并对图像进行线性增强处理，可得该区一幅新的彩色图像(彩图 11)。

从彩图 11 可以看出，图像以绿色、蓝色、粉红色为基本色调，其中河流得到了明显增强，呈蓝色－粉红色调，图中蓝色色调代表水域或湿度较大的区域；绿色区域主要为高山区，其反映的为植被信息，信息比较单一；在图中还有少量的浅黄色－黄色斑状区域。从构造解译图(图 5－8)可以很明显地看出，在图的中部有一个大型环形构造，其直径为 2.5～3 km，环形构造北部轮廓线较清晰，南部轮廓线相对较模糊，都郎小河从环的中部穿过，经实地考察发现该圆环为一花岗岩岩体，晶体较粗，风化严重，且有云英岩化，都郎锡矿点位于圆环的中心位置。该区线性构造很发育，主要有北东向、近东西向、北西向和北北东向四组构造。其中，北东向断裂数量多，分布广，整个区域均有分布，但规模大小不等；东西向断裂长 1～3 km，主要分布在圆环的四周；北西向断裂比较隐晦，时隐时现，数量不多，只有几条断裂，但规模很大，总的延伸可达数公里，斜穿了整个圆环。从遥感解译图可以看出，已知的都郎矿点有北东向、北北东向和北西向三组断裂交会，为一个有利的成矿环境，在花岗岩体四周，特别是岩体的东部边缘地带，多组断裂交会，有类似的

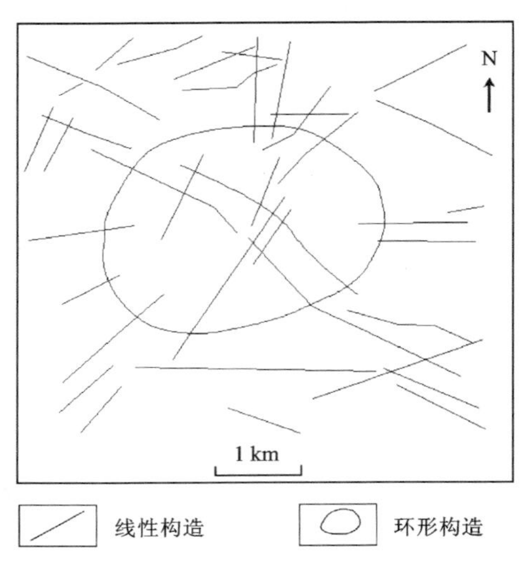

图 5－8　都郎矿区构造解译图

成矿条件。

对矿区遥感图像 TM2～TM5、TM7 波段作主成分分析，可得其特征向量矩阵（表5－7），并用曲线图形式表示出来(图5－9)。

表5－7　都郎矿区遥感图像 TM2～TM5、TM7 波段主成分分析特征向量矩阵

主成分	特征向量矩阵					特征值/%
	TM2	TM3	TM4	TM5	TM7	
PC1	0.10774	0.12999	0.48753	0.78476	0.34346	86.98
PC2	－0.14315	－0.33944	0.78526	－0.21568	－0.44848	10.42
PC3	－0.48885	－0.72141	－0.30521	0.38360	－0.01683	2.04
PC4	0.17324	0.22735	－0.22089	0.43643	－0.82404	0.44
PC5	－0.83601	0.54384	0.06106	0.00420	－0.03986	0.12

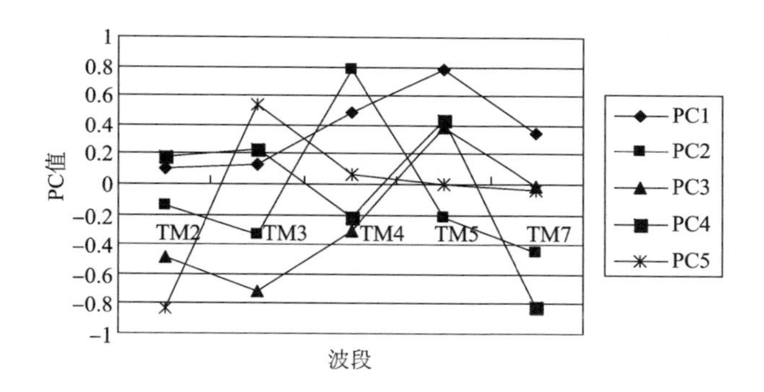

图5－9　都郎矿区 TM2～TM5、TM7 波段 PC 变换特征向量矩阵曲线图

从表5－7可以看出，经主成分变换后图像信息集中在PC1、PC2、PC3中，尤其是PC1占总信息量的86.98%，因此，图像信息得到了压缩。由各波段特征向量矩阵容易发现，在PC1中，各波段特征向量载荷因子均为正值，其中TM5、TM4波段对主成分贡献率较大；在PC2中，仅有PC4为最大载荷，也是最大载荷因子，其次为TM7、TM3波段的特征向量载荷因子，均为负载荷；在PC3中，特征向量载荷因子大小依次为TM3、TM2、TM5、TM4、TM7波段，其中几个最大的载荷因子为负值；在PC4中，TM5波段特征向量载荷因子为正载荷中的最大者，在此波段表现为高反射，在TM7波段出现吸收谷，根据矿物的波谱特性，PC4有利于增强绿泥石类矿物的信息；在PC5中，反映的主要为TM2和TM3波段的信息，其他波段的特征向量载荷因子相对都较小，因此，PC5 主要由 TM2、TM3 波段所决定。由于在主成分 PC4 中 TM5 波段出现反射峰，TM7 波段出现吸收谷，因此，用比值 TM5/TM7 来增强绿泥石类矿物的信息，最后，将 PC2(R) + PC3(G) + TM5/TM7(B)进行彩色合成，可得矿区遥感信息提取图像(彩图 12)。

从彩图 12 可以看出，图像以绿色、红色为基本色调，其中河流和小溪呈绿色色调、条带状蜿蜒延伸；图中的浅红色调属山区，反映的主要为植被信息；另外，在图中还有少量的深红色图斑，从其空间位置看，主要沿河流流域分布，经对比发现，此色调异常与都郎矿区有非常密切的空间相关关系，都郎矿区就位于图中的深红色区域，紧邻河流的位置，并且在都郎矿区位置深红色调异常非常集中，呈一小型的圆环状，因此，图中的深红色调可能系矿化蚀变所引起的色调异常，不难发现，沿河流深红色调异常呈断续延伸分布，其他位置分布相对较少且分散。因此，沿水流流域矿化相对较为强烈，具有一定的成矿可能和找矿前景。

5.3.6 九溪矿区信息提取

将九溪矿区遥感图像 TM7、TM5、TM2 波段分别赋予红色、绿色、蓝色进行假彩色合成，再对其进行线性增强处理，可得到一幅新的彩色合成图像(彩图 13)。

从彩图 13 可以看出，图像以深绿色调为基色调，绛蓝色、黄色、紫色、红褐色等多种色调呈花斑状分布于整个区域。在图中部偏东南方向有一环形构造(图 5 - 10)，直径约 2 km，环形构造紧邻小溪，其东西轮廓线较清楚，南北轮廓线相对较模糊，环形构造主要通过微地貌和色调异常表现出来。在该环形构造的北西方位又有一相对较小的环形构造，其大致位于图像的中心部位，该环形构造直径 0.8 ~ 1 km，小溪从其中心部位穿过，从环形构造的影像特点来看，主要通过微地貌表现出来。从空间位置来看，这两个环形构造呈相离关系，但距离非常接近，九溪矿区就位于两个环形构造的中间偏北东的位置，在两环形构造的中间发育有线性构造，为一有利的成矿环境。北东向和北西向断裂为该区的两组主要线性构造，尤其在环形构造附近线性构造更为发育，此外，沿着小溪存在一条近南北向断裂，三组断裂交会，形成有利的成矿环境。经实地考察发现，九溪铜铅锌矿点正好位于该交会处。

本矿点为一铜铅锌萤石矿点，矿体产于元宝山花岗岩岩体内外接触带中，矿体近南北走向，倾角较陡，约为 60°，矿石的主要成分为萤石、黄铁矿、黄铜矿、方铅矿，此外还有少量的闪锌矿化。本区发育的围岩蚀变主要包括硅化、绢英岩化、绿泥石化、黄铜矿化、磁黄铁矿化、黄铁矿化、方铅矿化、闪锌矿化等。

选用本矿区遥感图像 TM2 ~ TM5、TM7 波段作主成分分析，可得其特征向量矩阵(表 5 - 8)，从表中可以看出，经主成分变换后，图像信息得到了明显压缩，主成分 PC1、PC2、PC3 占了图像信息的绝大部分，而其他主成分所占的信息量却

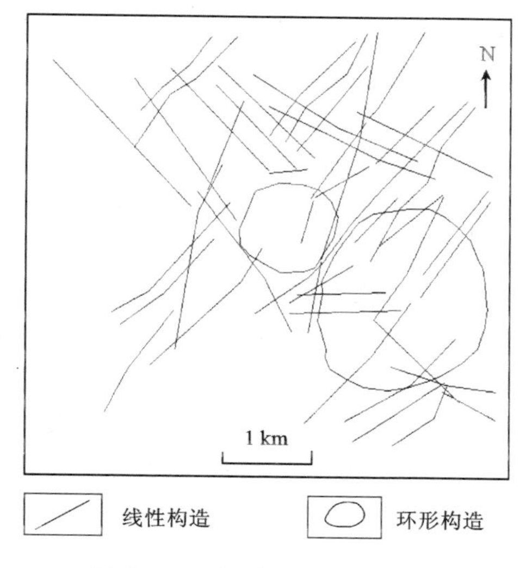

图 5-10　九溪矿区构造解译图

非常少。另外，由各主成分特征向量载荷因子不难看出，主成分 PC1 各波段特征向量载荷因子均为正值，其中 TM5 波段的特征向量载荷因子最大，其次为 TM4、TM7，而其他波段的特征向量载荷因子相对较小；主成分 PC2 中，唯有 TM4 波段特征向量载荷因子为正值，且为最大值，在负载荷中，TM7 和 TM5 对主成分的贡献率相对较大；主成分 PC3 中，负载荷 TM3、TM2 波段的特征向量载荷因子绝对值相对较大，其次为 TM5 波段的特征向量载荷因子，其为正载荷，因此，PC3 主要由 TM3 和 TM2 波段所决定；主成分 PC4 在 TM5 波段表现为高反射特性，TM7 波段表现为强吸收特性，因此，有利于增强绿泥石类矿物的信息；主成分 PC5 主要由 TM2 和 TM3 波段所决定，其他波段特征向量载荷因子对主成分贡献率相对都较小。

表 5-8　九溪矿区遥感图像 TM2 ~ TM5、TM7 波段主成分分析特征向量矩阵

主成分	特征向量矩阵					特征值/%
	TM2	TM3	TM4	TM5	TM7	
PC1	0.10601	0.12413	0.50983	0.77863	0.32736	87.60
PC2	-0.08523	-0.22571	0.81410	-0.30378	-0.43215	10.87
PC3	-0.51680	-0.67542	-0.21243	0.41765	-0.23908	1.08
PC4	0.32643	0.30835	-0.17263	0.35622	-0.80104	0.34
PC5	-0.77965	0.61836	0.04886	0.01137	-0.08515	0.11

考虑到增强围岩的蚀变信息，采用比值 TM5/TM7 进行彩色合成，因此，将 PC1、PC2、TM5/TM7 分别赋予红色、绿色、蓝色进行彩色合成(彩图 14)，经大量的实验对比发现，其得到的效果最佳，图像色调清晰，饱和度适中，矿化蚀变信息也得到了明显的增强，达到了预期的效果。

从彩图 14 可以看出，矿区卫星遥感信息提取图像以浅绿色、蓝色、黄色以及深红色为基本色调。不难发现，图像经处理后水系得到了明显增强，在图像上呈浅绿色色调，贯穿于整个图像中部；图中的浅绿色 - 蓝色区域为山区，反映的主要为植被信息，内容比较单一；另外，在图像中有较多非常醒目的红色斑点或区域，其主要沿河流分布，尤其是在河流以东出现较多，从空间位置来看，其分布范围与九溪铜铅锌萤石矿点有非常密切的空间相关关系，经与已知矿点对比发现，九溪矿点刚好位于图中的红色斑点上，同时也可以看出，红色斑点大多沿线性构造分布，呈较隐晦的条带状。因此，图中的红色色调可能系矿化蚀变所引起的色调异常。

5.3.7 甲龙矿区信息提取

将甲龙矿区遥感图像按 TM7(R) + TM5(G) + TM2(B)合成，并对图像进行线性增强处理，可得到一幅新的彩色图像(彩图 15)。

从彩图 15 可以看出，东部及东北部呈绿色至暗绿色，西部呈鲜绿色、黄色、蓝色、亮白色，中南部为棕褐色至紫色。

本矿点为一铜锡矿点，矿体产于四堡群鱼西组地层北西向断裂带中，矿体宽 1 ~ 2 m，产状 35°∠56°。主要成分为黄铜矿、锡石矿、毒砂矿和磁黄铁矿。地表风化严重，风化后呈红褐色(彩图 16)。黄铜矿呈块状集合体，毒砂品位高，结晶程度好，磁铁矿呈块状，主要蚀变有云英岩化、硅化等。

通过对甲龙矿区 1/50000 遥感假彩色合成图像进行构造解译(图 5 - 11)，结果表明，在甲龙矿区的下部偏南部位或者说在矿区图像的中部偏西南方向存在一个直径 2.5 ~ 3 km 的大型环形构造，该环形构造通过微地貌和色调异常表现出来，在大型环形构造里面还有两个直径约 1 km 的小环形构造，这两个小环形构造呈相交关系，其中心连线大致为北西向，其中有一个小环形构造与大型环形构造中心大致吻合，另外一个小环形构造与大环形构造呈切交关系，从环形构造的特点来看，这些环形构造可能系岩体周围的热液蚀变影响所致。从线性构造解译结果看，该区的线性构造以北东向为主，规模大，延伸长，其中大约有 5 条北东向线性构造与该环形构造相交或切交；另外，也有少量的北西西 - 近东西向构造，其规模不大，延伸较短，但它们与该环形构造均具有较好的空间相关关系。因此，从构造的角度考虑，在该环形构造内具有较好的成矿环境，具备了导矿构造和容矿构造。

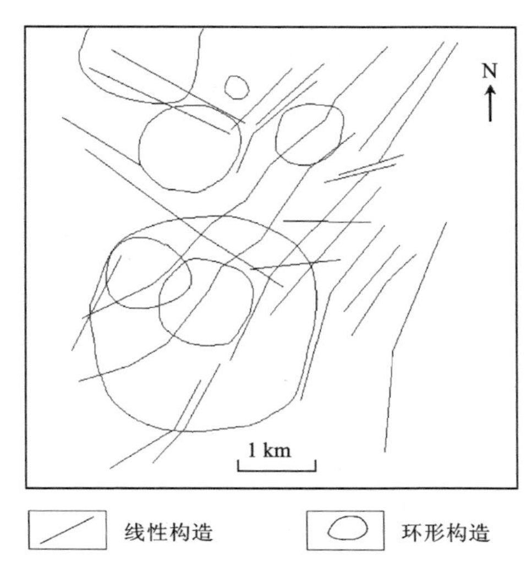

图 5 – 11　甲龙矿区构造解译图

对甲龙矿区遥感图像 TM2 ~ TM5、TM7 波段作主成分分析，可得其特征向量矩阵(表 5 –9)，并用曲线图直观地表示出来(图 5 – 12)。

表 5 –9　甲龙矿区遥感图像 TM2 ~ TM5、TM7 波段主成分分析特征向量矩阵

主成分	特征向量矩阵					特征值
	TM2	TM3	TM4	TM5	TM7	
PC1	0.09893	0.11627	0.48457	0.79439	0.33292	90.84%
PC2	–0.07490	–0.24055	0.81156	–0.25780	–0.45982	7.76%
PC3	–0.53305	–0.71385	–0.22484	0.36787	–0.14281	0.96%
PC4	0.23942	0.26525	–0.22741	0.40885	–0.80836	0.34%
PC5	–0.80196	0.59049	0.06554	–0.00038	–0.06240	0.10%

从表 5 –9 可以看出，经 K – L 变换后，图像信息主要集中分布在主成分 PC1 和 PC2 中，尤其是主成分 PC1 占整个图像信息的 90.84%，其次为主成分 PC2，也仅占 7.76%，其余三个主成分各自所占信息量均不到 1%。其中，PC1 反映的主要为 TM5 波段的信息，PC2 反映的主要为 TM4 波段的信息，PC3 反映的主要为 TM3 波段的信息，PC4 反映的主要为 TM7 波段的信息，PC5 反映的主要为 TM2 波段的信息。在 PC1 中，各载荷因子均为正值；在 PC2 中，仅有 TM4 载荷因子为正

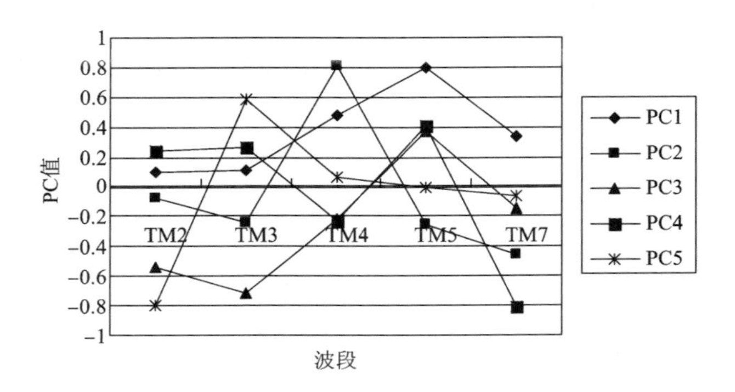

图 5-12　甲龙矿区 TM2~TM5、TM7 波段 PC 变换特征向量矩阵曲线图

值，其余均为负值，TM7 为负载荷因子中绝对值最大的；在 PC3 中，特征向量载荷较大的为 TM3 和 TM2，而且 TM3 和 TM2 均为负载荷因子；在 PC4 中，TM5 波段上表现为高反射，TM7 波段上存在吸收谷，因此，PC4 反映的主要为绿泥石类矿物的信息；在 PC5 中，TM2 和 TM3 对主成分的贡献率最大，其他波段的特征向量载荷因子值均较小。

由于主成分 PC1 反映的主要为地形、地貌等信息，而主成分 PC5 中所包含的信息又非常的少，因此，PC1 和 PC5 均不参与图像彩色合成。同时，考虑到该区具有硅化现象，因此，采用比值 TM5/4 来增强硅化信息，最后将 PC2、PC3、TM5/TM4分别赋予红色、绿色、蓝色进行彩色合成，可得到该区的遥感信息提取图像(彩图 17)。

从彩图 17 可以看出，水系得到了明显增强，呈蓝色条带状，其中图像右半部分主要呈浅红色夹浅绿色色调，而左半部分主要呈浅绿色夹蓝色色调。从图像上可以看出，其中有少量的深红色区域或斑点，从其空间位置来看，主要分布在图像的西部，尤其是水系两旁约 1 公里的范围内，其中在图像的中部偏西部位也有分布，经与已知矿点对比发现，此色调与甲龙矿区具有非常密切的空间相关关系，甲龙矿区就位于图像中部偏西方位的红色斑点区域内，因此，图中的红色色调可能系矿化蚀变所引起的异常。另外，不难发现，在河流两旁红色异常现象更为明显、集中，其范围也更大，同时，沿河流周围线性构造也比较发育，大多蚀变异常均分布在环形构造里面或其周围，尤其是在环形构造与线性构造的相交部位以及环形构造里面的线性构造部位矿化蚀变更为强烈。因此，从找矿信息综合异常来看，河流沿岸及环形构造部位为有利的成矿环境，具有一定的找矿前景。

5.3.8　下里矿区信息提取

将下里矿区遥感图像 TM7、TM5、TM2 波段分别赋予红色、绿色、蓝色进行假彩色合成，再对图像进行线性增强处理，可得该矿区卫星遥感假彩色合成图像（彩图 18）。

从彩图 18 可以看出，图像主要呈绿色、蓝色、浅黄色色调，其中绿色反映的主要为山区植被信息，蓝色反映的主要为小溪、河流及岩石或土壤湿度较大的地区。本区主要以北东向和北西向两组断裂构造为主（图 5－13），其中北东向线性构造相对较大，为区域性断裂，也是本区的主要导矿构造之一，北西向线性构造不够发育，且延续性较差，为本区的主要容矿构造。

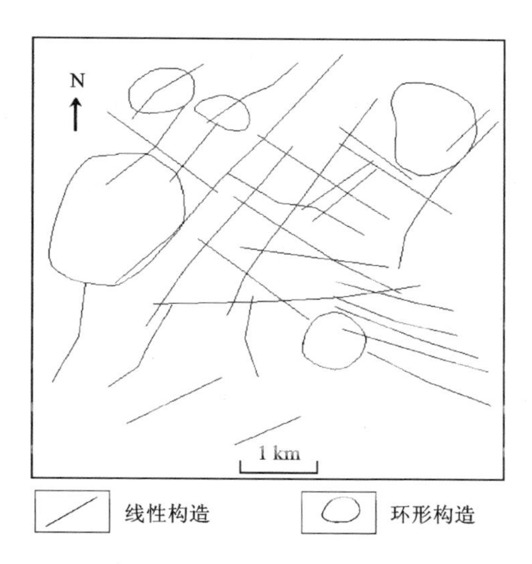

图 5－13　下里矿区构造解译图

对矿区遥感图像 TM2～TM5、TM7 波段作主成分分析，可得其特征向量矩阵（表 5－10）。

表 5－10　下里矿区遥感图像 TM2～TM5、TM7 波段主成分分析特征向量矩阵

主成分	特征向量矩阵					特征值/%
	TM2	TM3	TM4	TM5	TM7	
PC1	0.10961	0.14605	0.42938	0.81031	0.35453	89.38
PC2	−0.09953	−0.31463	0.82521	−0.18326	−0.42017	8.98
PC3	−0.53506	−0.71989	−0.26857	0.35089	−0.01472	1.11
PC4	0.16879	0.18991	−0.23531	0.43198	−0.83275	0.40
PC5	−0.81443	0.57042	0.08462	−0.00955	−0.06385	0.14

本区发育的围岩蚀变主要有硅化、锑矿化、方解石化和极弱的黄铁矿化等。因此，考虑到增强该区的铁矿化信息，选用TM5/TM2做波段比值处理，并与主成分PC2、PC3进行彩色合成(彩图19)，通过大量的实验对比发现，此合成得到的矿区遥感信息提取图像效果最佳，达到了预期的矿化信息提取目的。

从彩图19可以看出，图像色调清晰，饱和度适中，其中地形、地貌、岩石、地层等信息明显压抑，而矿化蚀变信息得到了有效增强，不难发现，图像以黄色、粉红色、深红色为基本色调。在图像的中部偏北部位有一块深红色的斑状区域，位于北东向大断裂带附近，下里矿区就位于该深红色斑状区域内，因此，此深红色调异常可能系该矿区矿化蚀变影响所引起的，同时又位于大断裂带附近，为一有利的成矿环境。另外，不难看出，在图像的西南部位也有少量的深红色斑点，从其空间分布情况来看，与下里矿区类似，分布在同一条断裂带附近，因此，在该断裂带附近具有相同的成矿环境，但西南角深红色斑点分布区域较小，也比较分散，但从与下里矿区的空间位置关系以及其有利的成矿条件来看，此处深红色斑点也可能系矿化蚀变所引起的色调异常。

5.3.9 甲报矿区信息提取

将甲报矿区遥感图像TM7、TM5、TM2波段分别赋予红色、绿色、蓝色进行假彩色合成，再对图像进行线性增强处理，可得到一幅色调清晰、饱和度适中、可解译程度高的遥感彩色图像(彩图20)。

从彩图20可以看出，图像以深绿色调为主，其中夹有少量的黄色和蓝色区域。不难发现，在图像中部偏南西部位有一较大的环形构造(图5-14)，其直径为2.5~3 km，从环形构造的影像特点来看，其主要通过微地貌和影响色调异常表现出来，另外，有多条北西向线性构造穿过该环形构造。通过野外工作发现，甲报矿区就位于该环形构造的东北角约300米处，此处有多组线性构造通过，为一有利的成矿环境。同时，在图像的南部也发育有3~4个半环形-环形构造，其规模大小不一，小者直径约0.7 km，大者直径达2 km，环形构造紧邻排列，其外部轮廓线均不够完整，局部比较隐晦。从这些环形构造的特点来看，可能系隐伏岩体或岩体周围的热液蚀变影响所致。本区线性构造也非常发育，主要以北北东向、北东向、北西向等几组线性构造为主。

对矿区遥感图像TM2~TM5、TM7波段作主成分分析，可得其特征向量矩阵(表5-11)，从表中可以看出，主成分PC1各特征向量载荷因子均为正值，其中TM5波段特征向量载荷因子最大；主成分PC2反映的主要为TM4波段的信息；主成分PC3主要由TM3和TM2波段所决定，其次为TM5波段；主成分PC4由于在TM5波段出现反射峰，在TM7波段又表现为强吸收特性，因此，PC4有利于增强绿泥石类矿物的信息；主成分PC5主要由TM2和TM3波段所决定，其他波段特

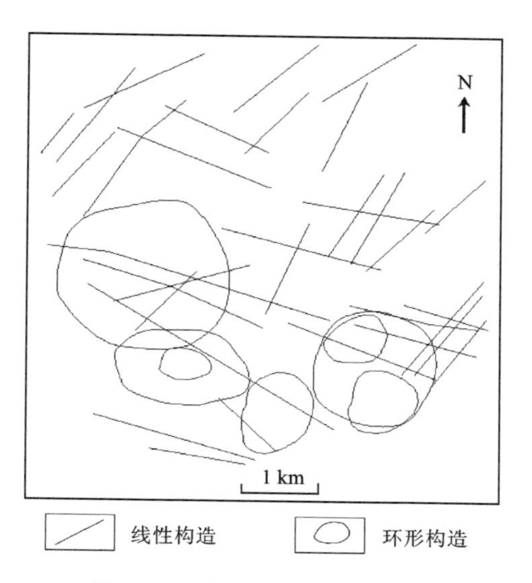

图 5－14　甲报矿区构造解译图

征向量载荷因子值相对均较小。另外，本区发育的围岩蚀变主要有硅化、绿泥石化、黄铜矿化和黄铁矿化等。结合以上分析，又考虑到增强围岩蚀变信息，采用比值 TM5/TM7 参与矿化蚀变信息提取图像彩色合成，最后，将 PC2、PC3、TM5/TM7 分别赋予红色、绿色、蓝色进行彩色合成，可得到该矿区的卫星遥感信息提取图像(彩图 21)。

表 5－11　甲报矿区遥感图像 TM2～TM5、TM7 波段主成分分析特征向量矩阵

主成分	特征向量矩阵					特征值/%
	TM2	TM3	TM4	TM5	TM7	
PC1	0.09751	0.11391	0.50945	0.78749	0.31279	93.25
PC2	－0.09123	－0.24700	0.80992	－0.30869	－0.42357	5.71
PC3	－0.49445	－0.68424	－0.23699	0.41198	－0.24789	0.67
PC4	0.29203	0.34166	－0.15803	0.33889	－0.81127	0.28
PC5	－0.80772	0.58403	0.05797	0.00027	－0.05596	0.10

从彩图 21 可以看出，图像以绿色、红色为基本色调。不难发现，在矿区卫星遥感信息提取图像上地形、地貌、植被等信息得到了明显压抑，而矿化蚀变信息得到了显著增强。容易看出，在图像的中东部分布有非常醒目的深红色斑点及较

小的深红色区域，其面积不大，分布也比较分散，从其空间位置来看，主要分布在两大环形构造附近，结合野外工作发现，甲报矿区就位于此深红色调的外围附近，并且此处有多组线性构造通过，以北北东向和北西向两组线性构造为主，为成矿提供了非常有利的构造环境，从构造成矿的角度来看，估计此深红色是矿化蚀变所引起的色调异常，为找矿提供了非常重要的指示信息，同时也指明了下一步的找矿方向。

5.3.10 归柳矿区信息提取

利用遥感图像处理软件从研究区遥感图像上获得归柳矿区子区图像一幅，将图像 TM7、TM5、TM2 波段分别赋予红色、绿色、蓝色进行假彩色合成，为图像添加公里网、经纬网及比例尺，并对图像进行线性增强处理，可得矿区的遥感假彩色合成图像(彩图 22)。

从彩图 22 可以看出，归柳矿区除河谷地带呈紫色和红色外，其他区域主要为浅绿色到深绿色，其中还夹有较少量的黄色区域。通过对该区构造解译(图 5－15)可以发现，在归柳矿区外围有一个半环形－环形构造，其直径为 1.5～3 km，环形构造轮廓线较模糊，呈断续出露，其中圆环南部和西部轮廓线清晰，而环形构造北东角轮廓线比较隐晦，因此，只能根据环形构造的总体轮廓将其解译出来，另外，从该环形构造的影像特点来看，其主要通过微地貌表现出来，在遥感影像中呈正的突出，结合野外工作发现，归柳矿区就产出在该环形构造的近中心部位。本区线性构造也相当发育，其中规模最大的线性构造为北北东向断裂，其延伸长、宽度大，由此可知其为后期构造，而北东向的构造也特别发育，但规模不及北北东向断裂大，其宽度小、延伸短、断断续续，呈面状分布于整个区域，可见，该组断裂主要属于早期断裂，受后期构造活动破坏严重，完整性较差，但是该组断裂数量相对较多，因此，系本区的主要线性构造。此外，该区还发育有北西向的断裂，其规模不大，切割北东向断裂，但自身又被北北东向断裂切割，由此可推测它们可能为中期断裂构造。

本矿区围岩蚀变类型主要为硅化、黄铁矿化、方铅矿化、闪锌矿化、绿泥石化、萤石化等。针对矿区矿化特点，选取本区遥感图像 TM2、TM3、TM4、TM5 波段作主成分分析，可得四个主成分 PC1、PC2、PC3、PC4，将 PC1、PC2、PC3 按红色、绿色、蓝色进行假彩色合成，可得归柳矿区卫星遥感信息提取图像(彩图 23)。

从彩图 23 可以看出，图像色调清晰，饱和度适中，其中图像中的蓝色区域反映的主要为河流、小溪以及水域信息，其一般呈条带状、不规则斑块状等多种形态。另外，不难发现，图像中有较多红绿相间的梳状条带，这些条带在图像中部最为明显，尤其是分布在归柳矿区附近。梳状条带呈北东－南西走向，其中绿色

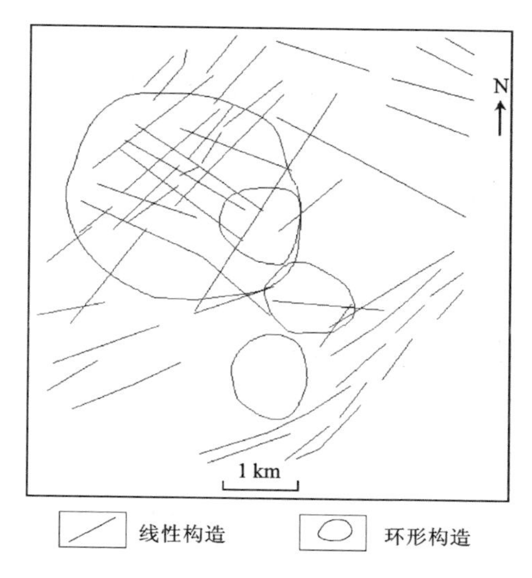

图 5－15　归柳矿区构造解译图

条带相对比较窄，但比较规则、延续性好，红色条带相对较宽，局部呈现块状，因此，其条带状形态相对不够明显。图像中矿化区呈紫黑色，而其他地区呈红色、绿色、蓝色等色调，在图像中部偏南西部位也出现有紫黑色区域，呈条带状，因此，根据已知矿区的矿化蚀变颜色色调特征，可以推断此紫黑色色调条带也可能系矿化蚀变所引起的色调异常，并且此处处于一环形构造的近边缘部位，为一有利的成矿环境，同时该处又有线性构造通过，因此，为一找矿的相对有利部位。

5.3.11　上坎－下坎矿区信息提取

将上坎－下坎矿区卫星遥感图像 TM7、TM5、TM2 波段分别赋予红色、绿色、蓝色进行假彩色合成，并经线性增强处理后可得一幅新的遥感图像（彩图 24）。

彩图 24 可以看出，该矿区图像以绿色－深绿色、蓝色、黄色以及少量的粉红色为基本色调。图中的蓝色区域为水系，其色调非常明显。在矿区中部偏东南部位存在一近南北向楔形，以暗绿色为主，其中分布有少量棕黄色、绛蓝色斑块；北部呈浅绿－深绿色，中部偏西北角部位分布有一块黄色区域。该区北东向构造发育，断裂数量多、分布广，几乎遍及整个区域，但规模小、不连续，由此推测为早期断裂，此外，该区还发育有少量北东东向断裂构造，但其形成时期晚于北东向断裂构造。

本区发育的围岩蚀变主要包括硅化、绿泥石化、毒砂化、磁黄铁矿化、铅锌矿化和黄铁矿化等。由于富含 OH^- 或碳酸根的绿泥石等常见蚀变矿物在 TM7 波段上存在吸收谷，在 TM5 波段上存在高反射，而其他造岩矿物并没有与之相似的光谱特征，因此，选用 TM5 和 TM7 波段图像参与主成分分析；另外，含有 Fe^{3+} 的褐铁矿在 TM3 波段存在反射峰，在 TM4 波段存在吸收谷，因此，TM3 和 TM4 波段图像也参与主成分分析。在选择 TM2 波段图像时，做了一些实验对比研究，首先对遥感图像 TM3 ~TM5、TM7 波段作主成分分析，可得其特征向量矩阵（表 5 - 12），然后对遥感图像 TM2 ~TM5、TM7 波段作主成分分析，可得其特征向量矩阵（表 5 - 13）。

表 5 - 12　上坎 - 下坎矿区遥感图像 TM3 ~ TM5、TM7 波段主成分分析特征向量矩阵

主成分	特征向量矩阵				特征值/%
	TM3	TM4	TM5	TM7	
PC1	0.15682	0.42902	0.80724	0.37379	89.98
PC2	-0.27034	0.83837	-0.19289	-0.43226	8.85
PC3	-0.83598	-0.28604	0.41496	-0.21712	0.84
PC4	0.45108	-0.17682	0.37279	-0.79139	0.33

表 5 - 13　上坎 - 下坎矿区遥感图像 TM2 ~ TM5、TM7 波段主成分分析特征向量矩阵

主成分	特征向量矩阵					特征值/%
	TM2	TM3	TM4	TM5	TM7	
PC1	0.11779	0.15654	0.42526	0.80163	0.37170	89.72
PC2	-0.08838	-0.27177	0.83877	-0.18110	-0.42660	8.77
PC3	-0.50430	-0.71804	-0.25215	0.39521	-0.10164	1.08
PC4	0.20588	0.27306	-0.21683	0.41033	-0.81711	0.34
PC5	-0.82560	0.55812	0.07084	-0.00532	-0.04298	0.09

从表 5 - 12 和表 5 - 13 可以看出，在表 5 - 12 中，TM5 和 TM7 波段的四个主成分图像中，没有分别同时出现高反射和高吸收，因此，没有很好地增强含 OH^- 或碳酸根的绿泥石类矿物，因而也就不利于矿化蚀变信息的提取；而在表 5 - 13 中，可以很清晰地看出，在 PC4 中，TM5 为正的最大载荷因子，因此出现高反射，TM7 为负载荷，但其绝对值最大，因此出现吸收谷，因而 PC4 增强了含 OH^- 或碳酸根的绿泥石类矿物信息，压抑了造岩矿物等形成的干扰信息。基于以上考虑，选用 TM2 ~ TM5、TM7 波段图像进行主成分分析，并用曲线图直观地表示出来

(图5－16)。

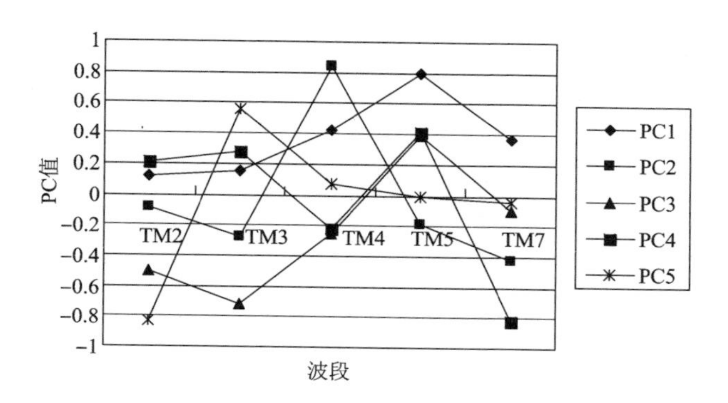

图5－16 上坎－下坎矿区TM2～TM5、TM7波段PC变换特征向量矩阵曲线图

考虑各主组分特征向量载荷因子值，不难看出，在PC1中，各波段特征向量载荷因子均为正值，说明该分量是各波段亮度值之和的函数，反映了图像像元总的辐射水准，即总亮度的高低，其中TM5波段的特征向量载荷因子值最大，对主成分的贡献率也就最大，其次为TM4和TM7波段；在PC2中，TM4波段的特征向量载荷因子值最大，且为正的载荷，其次为负载荷因子值TM7，其他波段特征向量载荷因子值相对都较小，因而主成分PC2反映的主要为TM4和TM7波段的信息；在PC3中，特征向量载荷因子值大小依次为TM3、TM2、TM5、TM4、TM7，其中最大载荷TM3波段的载荷因子为负值；在PC4中，TM5波段表现为高反射，TM7波段表现为吸收谷，因此，该分量有利于增强绿泥石类矿物的蚀变信息；在PC5中，负载荷TM2波段的载荷因子对主成分贡献率最大，其次为TM3波段的特征向量载荷因子，其为正的载荷，其余三个波段的特征向量载荷因子值相对都较小。考虑到研究区属于高山密林区，植被覆盖非常严重，为了避免植被信息的干扰，将植被遥感信息提取出来也显得尤为重要，依据健康绿色植被和植被有机质的实验室测试反射光谱特征，本次采用(TM5/TM7)/(TM3/TM4)的比值方法进行处理，将图像中的绿色植被信息单独提取出来，以增强该区的找矿指示信息。将(TM5/TM7)/(TM3/TM4)、PC3、PC4分别赋予红色、绿色、蓝色进行彩色合成，得到该区的遥感信息提取图像(彩图25)。

从彩图25可以看出，图像以蓝色、浅绿－深绿色、橘红色色调为主，图中的蓝色区域为水系分布范围，其中有部分线性构造也显示为蓝色色调，可能因为其湿度较大所致；在图中有较多零星的橘红色区域，首先，沿图像中部偏下部位的北东向线性构造有断续分布，并且从色调上增强了该线性构造，另外，在图像的西北角也有较多的橘红色区域，呈条带状，其走向近似北东东－北东。通过对该区 1/50000 遥感彩色合成图像进行构造解译(图 5－17),结果表明,在矿区范围内,存在一个直径约 3 km 的环形构造,该环形构造主要通过微地貌表现出来,在 TM7、TM5、TM2 彩色合成图像上显示为正地形,在该环形构造里面还有一直径约0.8 km 的小环形构造,其大致位于大环形构造的中心部位。在该大型环形构造的东南方位另有一环形构造与之相交,此环形构造直径约 2.5 km,在其里面也发育有一小型环形构造,其直径为 1～1.2 km,大致位于大环形构造的中心部位。本区线性构造也很发育,主要有北东向、北西向、近东西向等几组。经对比发现,上坎－下坎矿区位于大型环形构造中心偏西部位,且在北东向断裂带的附近,因此,从构造分析看,此处为一有利的成矿环境。另外,通过与上坎－下坎矿区卫星遥感信息提取图(彩图 25)对比发现,矿区位于图中的橘红色异常区域,因而橘红色调可能系矿化蚀变所引起的异常,观察发现,除矿区范围有橘红色调外,沿北东向大断裂该色调均有断续分布,尤其是在图像的最底部偏西南角部位,橘红色调异常更为明显、集中,同时,此处有北西向构造通过,亦为一有利的成矿环境。因此,从构造信息、蚀变异常信息等诸多方面考虑,此处为成矿有利地带。

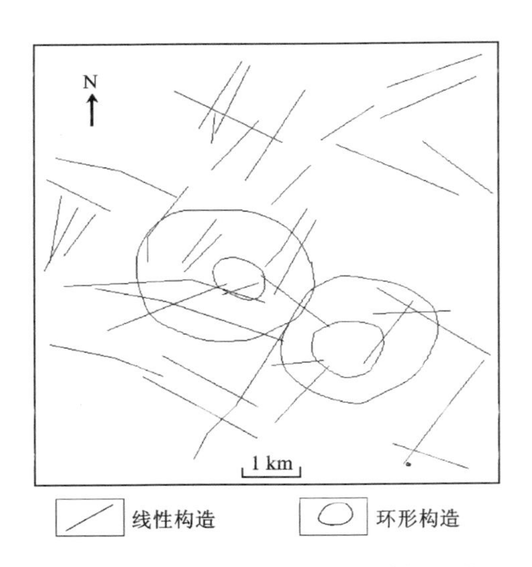

图 5－17　上坎－下坎矿区构造解译图

5.3.12　达言村矿区信息提取

将达言村矿区卫星遥感图像按 TM7(R)+TM5(G)+TM2(B)进行假彩色合成,同时对图像进行线性增强处理,可得该区卫星遥感假彩色合成图像(彩图 26)。

从彩图26可以看出，整个图像以深绿色、蓝色和浅黄色为基本色调，其中在矿区中部偏西部位有一片蓝色区域，在图像的东北角偏下部位有一片浅黄色区域，其他部位均以绿色-深绿色为主。通过对该区的线性构造和环形构造进行解译（图5-18），可以看出，在图像的正北部位有一个直径约2.5 km的大型环形构造，环形构造西部和南部轮廓线非常清晰，而北部和东北部轮廓线相对较隐晦，从环形构造的影像特点看，其主要通过微地貌表现出来，在该大型环形构造的里面还有一个直径约1 km的小型环形构造，同大型环形构造类似，小型环形构造的西部和南部轮廓线清晰，而北部和东部轮廓线也相对较模糊，经野外工作验证，达言村矿区就产在大型环形构造里面。另外，在图像的中部偏西部位也有一个半环形-环形构造，其直径约1~1.5 km，在其里面还产有一半环形构造，直径为0.5~0.8 km，该组环形构造主要通过影响颜色色调变化表现出来。该区线性构造也非常发育，主要有北东向、北北东向、北西向等几组，从图像上可以看出有5~6条北西向线性构造穿过整个图像，其近似平行排列，走向约280°左右，各线性构造之间间隔为0.5~1 km，不难发现，北西向构造规模大、延伸长，有多条同期产出，并且延续性好，可见其为较晚期的断裂构造；同时，该区北东向线性构造也较为发育，为本区的主导性构造，但其延续性较差，多被北西向构造所切割，因此，北东向线性构造形成时期早于北西向线性构造。

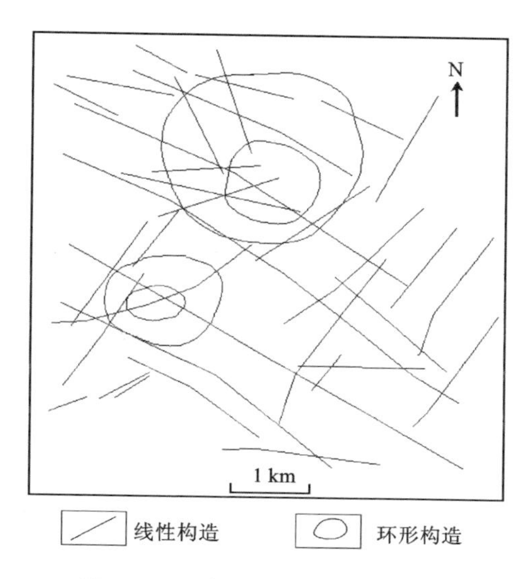

图5-18　达言村矿区构造解译图

对矿区遥感图像TM2~TM5、TM7波段作主成分分析，可得其特征向量矩阵（表5-14）。

表 5-14 达言村矿区遥感图像 TM2 ~ TM5、TM7 波段主成分分析特征向量矩阵

主成分	特征向量矩阵					特征值/%
	TM2	TM3	TM4	TM5	TM7	
PC1	0.10942	0.14929	0.45027	0.80155	0.34716	89.85
PC2	-0.06297	-0.23676	0.84539	-0.24653	-0.40562	9.13
PC3	-0.48840	-0.72206	-0.21132	0.40073	-0.18670	0.72
PC4	0.24359	0.30640	-0.18324	0.36899	-0.82283	0.23
PC5	-0.82836	0.55355	0.06593	-0.00314	-0.05520	0.08

本区发育的围岩蚀变主要有硅化、钠长石化、锡矿化、黄铜矿化、黄铁矿化、绿泥石化等。由于该区植被非常发育，因此，在提取矿化信息的同时必须减少植被对矿化信息的影响，故采用 TM3/4 波段比值来削弱植被信息的干扰，最后，将 TM3/4、PC3、PC2 分别赋予红色、绿色、蓝色进行彩色合成(彩图 27)，经对比发现，用此方法所得到的矿区遥感信息提取图像效果非常理想，植被信息得到了有效压抑，矿化信息也得到了明显增强，为下一步工作打好了基础。

从彩图 27 可以看出，图像以蓝色、绿色、黄色及红色为基本色调，其中蓝色和绿色区域反映的主要为植被信息，其内容比较单一。从图中不难发现，在图像中部附近分布有一片深红色区域，从其空间位置来看，主要分布在图中两个大型环形构造里面及其周边。经野外工作验证，达言村矿区就位于图中的深红色区域内。从构造的角度来看，在环形构造里面及其周围线性构造非常发育，主要以北东向和北西向两组线性构造为主，为成矿提供了非常重要的导矿和容矿环境，因此，在图像中两个大型环形构造里面及其附近均具有较好的成矿条件。综合以上分析，可以推断图中大型环形构造附近的深红色区域可能系矿化蚀变所引起的色调异常，因此，从构造信息及矿化蚀变信息多元找矿信息的角度来看，此处为异常的重叠区，具有一定的找矿前景。

5.3.13 思耕矿区信息提取

将该矿区卫星遥感图像按 TM7(R) + TM5(G) + TM2(B)进行合成，可得到其假彩色合成图像(彩图 28)。

从彩图 28 可以看出，线性构造、环形构造及水系等明显的地质现象、地物标志都得到了较好的增强，图像总的色调以绿色、蓝色、紫红色及浅黄色为主，其中蓝色夹紫红色为水域范围，其贯穿整个图像的中部；图像东部以深绿色为主，属于高山地带，反映的主要为植被信息；而图像西部的颜色相对东部浅，呈绿色

－浅绿色－黄色，尤其在河道两旁，黄色条带沿水域边界延伸，靠河流的西部黄色条带现象更为明显，其宽度不大，但延伸较长，可能系矿化蚀变影响所致。

思耕矿区主要线性构造有北东向、北西西向和近南北向三组断裂，北东向断裂规模最大，延伸长，最长可达数公里，北西向断裂规模较小，延伸较短。该区明显存在7个环形构造，主要分布在中部和西南部，环形构造直径为0.8～3 km，在图像上主要通过微地貌表现出来，其中有的大圆环里还产出有小圆环，圆环排列较规则，大致成两排，其中心连线也近似平行，呈北东－南西走向（图5－19）。思耕矿床产出在中央大型环形构造里面，从环形构造的影像特点来看，这些环形构造可能系岩体周围的热液蚀变影响所致。

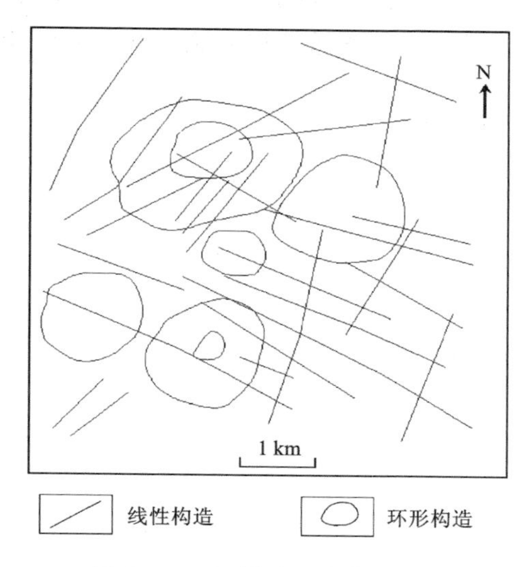

图5－19　思耕矿区构造解译图

将TM2～TM5、TM7五个波段的图像进行主成分分析得到五个主成分图像，将第二、三、四主成分图像进行彩色合成，可得到思耕矿区卫星遥感信息提取图（彩图29）。

从彩图29可以看出，图像色调清晰，饱和度适中。不难发现，图像以浅绿色、蓝色以及红色为基本色调，其中，水系得到了明显增强，呈深蓝色调贯穿于整个图像，另外，在条带状的小溪和河流的两旁有较多大片的蓝色区域，也为水域范围或由于河流附近湿度较大所致；图像中的浅绿色夹浅红色区域为山区，其反映的主要为植被信息；在图中最为显眼的为深红色的图斑，其主要分布在河流附近1至1.5 km的范围内，沿河流断续分布，结合野外工作发现，其可能系矿化蚀变所引起的色调异常，同时，沿水系流域也发育有较多的线性构造。因此，此区亦为构造信息和遥感信息的异常区，矿化程度相对较高，成矿可能性相对较大。

5.4 小结

遥感图像矿化蚀变信息提取一直是遥感应用的前沿技术，是难点也是研究的焦点。本章首先对几种常用的遥感图像信息提取方法进行了简单的研究与探讨，尤其是针对其在地学领域的应用进行了一些分析，然后对本次研究工作遥感图像信息提取的方法、思路及其找矿预测策略做了简要的介绍。本章重点放在对矿区遥感图像的信息提取方面，本次研究将矿区划分为13个子区分别进行处理，针对不同子区的特点采用不同的遥感图像处理方法，以达到最佳的找矿预测目的及效果。

第 6 章　遥感成矿信息提取专题研究

遥感地质找矿就是通过对地质信息的提取，获得成矿及控矿信息[56]，通过这些指示信息来进行成矿预测。遥感地质信息包括地质背景遥感信息、控矿因素地质信息以及矿化蚀变遥感信息，概括来讲也就是不同尺度下的地层、岩体、构造和蚀变信息。通过采取人机交互解译的方法，利用计算机进行多途径的信息提取，从区域成矿、构造控矿等的宏观角度进行综合分析，并结合野外验证工作来进行确认。因此，通过对研究区多元地质找矿信息的提取，并进行信息综合集成处理，达到成矿预测的目的。

6.1　地层 - 岩体信息解译及研究

6.1.1　建立解译标志

本研究区植被覆盖严重，对地层 - 岩体信息的解译也显得相对困难，因此，为获得最佳的地层 - 岩体信息提取图像，消除植被信息的干扰，本次采用最佳植被指数 TM4/3 参与图像的彩色合成，将 TM4/3、TM5、TM2 分别赋予红色、绿色、蓝色进行假彩色合成，以此图像为解译的基础，同时结合该区已有地质资料，并充分参照野外工作成果，建立研究区地层 - 岩体信息解译标志(表 6 - 1)。

表 6 - 1　地层 - 岩体信息解译标志一览表

地层 - 岩体	颜色色调	影像结构
四堡群	绿色、浅蓝色	不规则块状
丹洲群	浅褐色、蓝绿色	块状、不规则斑状
震旦系	褐色、深绿色 - 浅蓝色	树状、细条状
寒武系	红褐色、浅绿色	条带状、流纹状
泥盆系	蓝色、浅绿色	椭球状、斑块状
石炭系	蓝色 - 浅绿色	扇状、块状
二叠系	蓝色	条带状、树枝状

续表 6-1

地层-岩体	颜色色调	影像结构
三叠系	紫红色、浅绿色	网状、不规则状
第四系	红褐色-褐色	块状、斑状
花岗岩体	褐色、浅绿色、蓝色	杏仁状、椭球状

6.1.2 地层-岩体信息综合解译

遥感图像的地层-岩体信息解译是利用遥感图像的宏观性，凭借不同地层-岩体所显示出的光谱差异将它们区分开来。

本次研究利用TM4/3(R)+TM5(G)+TM2(B)合成图像进行地层-岩体信息解译，其解译结果见彩图30所示。

本研究区岩体非常发育，如在该区的中部偏北东方位有一类似椭球状的区域，结合外业工作发现，其为元宝山花岗岩体，岩体近似南北走向，其南北长约为26 km，宽度大小不等，中间宽两头窄，中心最宽处约14 km，该岩体解译见彩图31。

6.1.3 地层与矿产关系

通过对研究区地层-岩体信息解译，并叠加已知矿床(点)(彩图32)，可以很明显地看出地层与矿产的产出关系：

(1)大多矿床(点)均产出在四堡群地层和丹洲群地层中，仅有少部分产出在震旦系和泥盆系地层中，因此，四堡群地层和丹洲群地层是该区锡多金属矿床的主要容矿围岩。

(2)四堡群地层和丹洲群地层均环绕研究区两大岩体分布，从花岗岩体向外依次为四堡群地层和丹洲群地层。

(3)大多矿床(点)分布在元宝山岩体以及摩天岭岩体的四周，离岩体不远的部位。

(4)花岗岩体以及四堡群地层和丹洲群地层与矿产产出关系都非常密切，两者(地层、岩体)共同控制着该区的成矿以及矿体的产出。

(5)在泥盆系和震旦系地层中也有矿床(点)，但不难发现，一般都是在北东向构造非常发育的地区，尤其是在震旦系中，矿床产出的部位有多条近似平行的北东向线性断裂构造通过。

6.1.4 侵入体缓冲分析

本次研究为更好地揭露侵入体与矿床(点)的空间及成因关系，对元宝山和摩天岭花岗岩体分别进行 5 km(彩图 33)和 10 km(彩图 34)的缓冲分析。

从缓冲分析结果可以很清晰地看出：当对侵入体进行5 km 的缓冲分析时，在两大岩体缓冲区内共有 32 个大小不等的矿床(点)；当对侵入体进行 10 km 的缓冲分析时，在两大岩体缓冲区内共有 38 个大小不等的矿床(点)，因此，在 5 km 和 10 km 缓冲区内的矿床(点)数相差不大，试推断大多数的矿床分布在侵入体 5 km 范围以内，在此区域内具有良好的找矿潜力。

6.2　线性构造研究

遥感图像的线性特征是研究地质构造和成矿活动的重要遥感指示标志之一，是地质环境和地质动力作用的重要形迹。线性体场的空间分布与空间结构图式一般受到地形地貌特征、地层岩性分布、地质构造、岩浆活动等因素控制。因此，线性体信息的提取与分析，对研究构造特点与成矿作用具有实际的指导意义。

6.2.1　线性构造影像特征

线性构造是遥感地质找矿实践中一种常用的指示信息[57]，它常常是导矿构造和容矿构造的有利证据，也常常是岩浆热液活动的佐证，因此，对线性构造的研究显得尤为重要。线性构造在遥感图像上通常呈现以下特征：

①色调异常。线性构造反映的通常为断裂破碎带，一方面，岩石的破碎程度较大，完整性较差，其影像特征不同于两旁的岩石，另一方面，由于岩石破碎，其含水性也相对两旁岩石有所不同；因此，断裂破碎带在遥感图像上通常呈现不同的影像色调。

②线性。线性构造多反映的是断裂构造活动，因此，在遥感图像上呈条带状、线状等较规则的直线或近似直线形态。

③不连续性。一方面，由于土壤、植被等的影响，另一方面，由于断裂构造形成期次不同，较早形成的断裂构造常常被较晚期的断裂构造所切割、错断，因此，线性构造在遥感图像上呈现出不连续性。利用遥感图像来处理这类线性构造时常常要从宏观的角度来考虑，分清断裂构造期次，利用人机交互解译的手段，将一些隐晦的线性构造解译出来。

本研究区的线性构造也符合以上规律，具有多期次的特性，许多早期断裂被晚期的断裂所切割并错断。另外，本研究区的线性构造以北东向和北西向为主，其规模大，延伸长，数量多，对整个区域都有一定的控制作用；近东西向和近南北向线性构造次之，其规模小，延伸也相对较短，数量少；也有一定量的北北东向、北东东向、北北西向和北西西向的线性构造。

6.2.2 线性构造提取算法

通过对该区线性构造的初步解译发现，研究区线性构造以北东向和北西向最为发育，其规模相对较大，延伸也较长，而近东西向和近南北向构造次之，其规模小，影像特征相对较为模糊，数量也相对较少，因此，为突出主要的线性构造，首先对北东向和北西向线性构造进行解译，然后再对相对较次要的近东西向和近南北向线性构造进行解译。

由于线性构造具有很强的方向性，因此，本次解译利用定向滤波法进行处理。首先对北东向线性构造进行解译，利用5×5的卷积和进行滤波计算，其卷积模板如图6－1所示，同时也对北西向线性构造进行解译，同样利用5×5的卷积和进行滤波计算，其卷积模板如图6－2所示，但提取北东向线性构造与提取北西向线性构造的模板定向性不一样。

$$\begin{vmatrix} 1 & 1 & 1 & 1 & 0 \\ 1 & 1 & 1 & 0 & -1 \\ 1 & 1 & 0 & -1 & -1 \\ 1 & 0 & -1 & -1 & -1 \\ 0 & -1 & -1 & -1 & -1 \end{vmatrix}$$

图6－1 5×5卷积模板

$$\begin{vmatrix} 0 & 1 & 1 & 1 & 1 \\ -1 & 0 & 1 & 1 & 1 \\ -1 & -1 & 0 & 1 & 1 \\ -1 & -1 & -1 & 0 & 1 \\ -1 & -1 & -1 & -1 & 0 \end{vmatrix}$$

图6－2 5×5卷积模板

然后再对较为次要的近东西向和近南北向线性构造进行解译，首先对近东西向线性构造进行解译，利用3×3的卷积和进行滤波计算，其卷积模板如图6－3所示，同时也对近南北向线性构造进行解译，同样利用3×3的卷积和进行滤波计算，其卷积模板如图6－4所示，同理，提取近东西向线性构造与提取近南北向线性构造的模板定向性不一样。

$$\begin{vmatrix} 1 & 1 & 1 \\ 0 & 0 & 0 \\ -1 & -1 & -1 \end{vmatrix}$$

图6－3 3×3卷积模板

$$\begin{vmatrix} 1 & 0 & -1 \\ 1 & 0 & -1 \\ 1 & 0 & -1 \end{vmatrix}$$

图6－4 3×3卷积模板

现以达言村矿区北东向线性构造提取为例进行线性构造提取实验，实验利用5×5卷积模板（图6－1）对该区图像进行卷积运算，以提取此区北东向线性构造。通过实验发现，所提取出的线性构造相对原始图像得到了有效突出和增强，但是还不够简洁、明了，因此，再对图像进行彩色分割（彩图35），进一步突出北东向线性构造。从彩图35可以看出，北东向线性构造得到了有效反映，总体趋势得到了突出，能够反映该区实际的构造特点，达到了实验预期效果。

6.2.3 线性构造分形分析

本研究区线性构造非常发育，其与矿产关系也相当密切，常常是重要的导矿构造和容矿构造，因此，对该区线性构造的研究显得尤为重要。过去人们对线性构造的研究多局限于统计分析方法，这些方法主要是基于线性构造的长度、密度、频度、方位、角度等统计特性，通过这些方法可以获得线性构造的总体分布特征，对区域线性构造研究具有一定的实际意义。随着对线性构造研究的不断深入，人们取得了一些新的认识，普遍认为线性构造的分布是不规则的，其常常具有分形特征[58, 59]，运用分形中的分维数可以综合描述线性构造的数量、排列组合方式等诸多特性，一般认为，分维对应于分形体的不规则和复杂性或空间填充度量程度，因此，利用分形方法对线性构造进行研究为定量描述线性构造提供了新的方法和手段，为线性构造科学而深入的研究开创了新的局面。

本次研究利用分形分析法中常用的数盒法来进行线性构造的分形分析。盒维数定义为：用符号 $F(x)$ 表示度量空间 x 上的全体子集组成的集合，含 $A \in F(x)$，(x, ρ) 为一度量空间，对每一 $\delta > 0$，用 $M\delta(A)$ 表示覆盖 A 的半径为 $\delta > 0$ 的闭盒的最少个数，如果

$$\lim_{\delta \to 0} \frac{\lg M\delta(A)}{-\lg\delta} \tag{6-1}$$

存在，则称这个极限值为集 A 的盒维数，记为 $\dim A$。

首先，将整个研究区的线性构造解译图导入专业软件，然后，取 $L = 20$ km 作为一个单位长度，将研究区进行离散分解，可得到49个正方形盒子，接着分别取 $r = L/2$、$L/4$、$L/8$ 边长的正方形盒子对研究区进行覆盖，可分别得到196、784、3136个盒子数，利用专业软件采用人机交互的方法对覆盖线性构造的盒子数进行统计，将各不同尺度下包含线性构造的盒子数记为 $M(r)$，其统计结果如表6-2所示。

表6-2 整个研究区 $r-M(r)$ 表

r/km	20	10	5	2.5
$M(r)$/个	45	153	507	1639

从表6-2可以看出，正方形网格越大含有线性构造的盒子数就越少，而正方形边长越小含有线性构造的盒子数就越多，随着正方形边长的减小，盒子总数呈

几何倍数增长。根据以上数盒法所得数据以 lg(r)为横坐标，以 lg$M$(r)为纵坐标，在双对数坐标中用最小二乘法对统计数据作回归分析，如线性构造具有分形特征，则 lg$M$(r)与 lg(r)之间应满足线性关系，此时该回归直线的斜率即为线性构造的分维值 D，即

$$D = -\frac{\lg M(r)}{\lg(r)} \tag{6-2}$$

它代表研究区线性构造的平面分布特征及其几何结构特征[60, 61, 62]，所作 lg$M$(r) - lg(r)双对数图如图 6-5 所示。

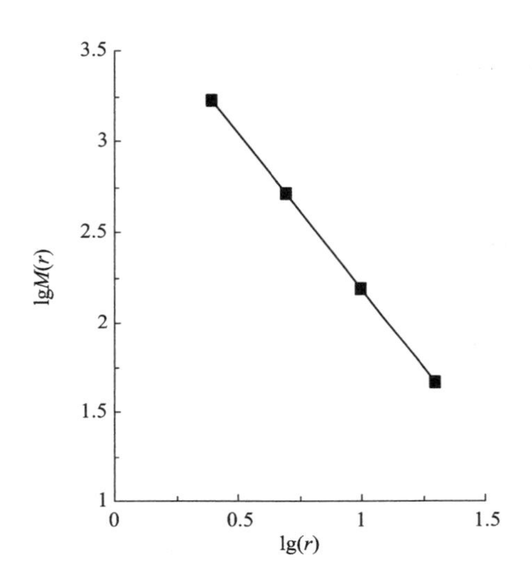

图 6-5　全区线性构造分形分维值图

从图 6-5 可以发现该区线性构造具有以下特点：

①lg(r)与 lg$M$(r)之间呈现出明显的线性关系，因此，在研究标度范围内全区遥感线性构造具有良好的分形特征。

②lg(r) - lg$M$(r)回归直线斜率即为遥感线性构造的分维值 D，其值为 1.730。

③从该区线性构造分形分维值 D(1.730)可以看出，总体而言研究区构造活动较强烈，同时也反映了区域构造的复杂性。

考虑到该区以北东向和北西向构造为主导性构造，其不仅规模大、延伸长，而且常常控制着矿体的产出，与矿产成因关系密切，因此，基于以上对整个研究区线性构造进行综合研究的基础上，再对北东向和北西向构造进行重点研究。本次以元宝山地区为例，对北东向和北西向线性构造进行典型研究，以揭示整个研

究区北东向和北西向线性构造的特征及其分布规律，同样借助于分形分析法中的数盒法，研究其分形分维特征。

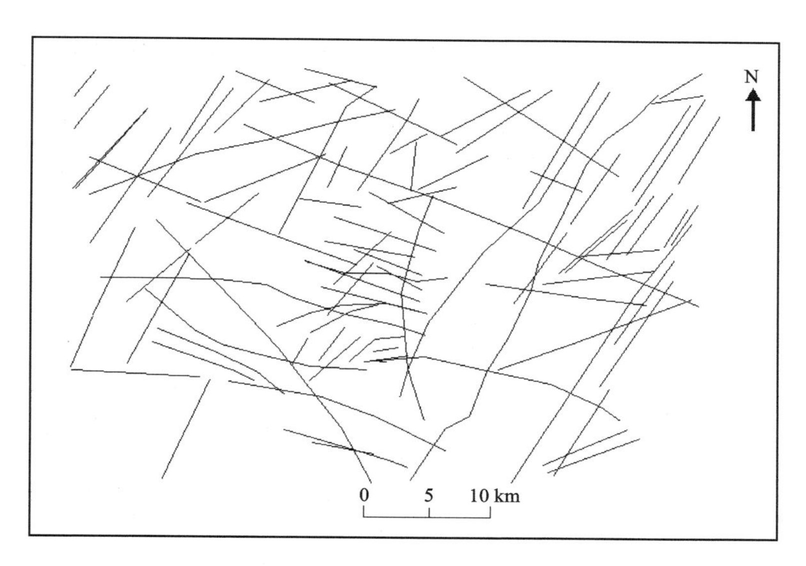

图 6－6 元宝山地区线性构造解译图

首先，对元宝山地区的线性构造进行解译，如图 6－6 所示。

其次，取 $L=10$ km 作为一个单位长度，对整个元宝山地区进行离散分解，再取 $r=L/2$、$L/4$ 边长的正方形盒子对该区进行覆盖，统计在各不同尺度下含有线性构造的盒子数(表 6－3)、含有北东向线性构造的盒子数(表 6－4)以及含有北西向线性构造的盒子数(表 6－5)。

表 6－3 元宝山地区线性构造 $r-M(r)$ 表

r/km	10	5	2.5
$M(r)$/个	73	215	521

表 6－4 元宝山地区北东向线性构造 $r-M(r)$ 表

r/km	10	5	2.5
$M(r)$/个	53	149	375

表 6 -5　元宝山地区北西向线性构造 $r-M(r)$ 表

r/km	10	5	2.5
$M(r)$/个	41	103	223

同样，根据以上数盒法所得数据以 $\lg(r)$ 为横坐标，以 $\lg M(r)$ 为纵坐标，作双对数曲线图(图 6 -7 ~ 图 6 -9)。

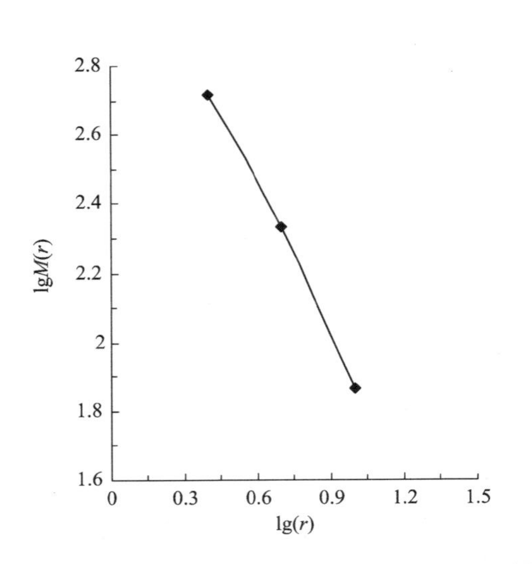

图 6 -7　元宝山地区线性构造分形分维值图

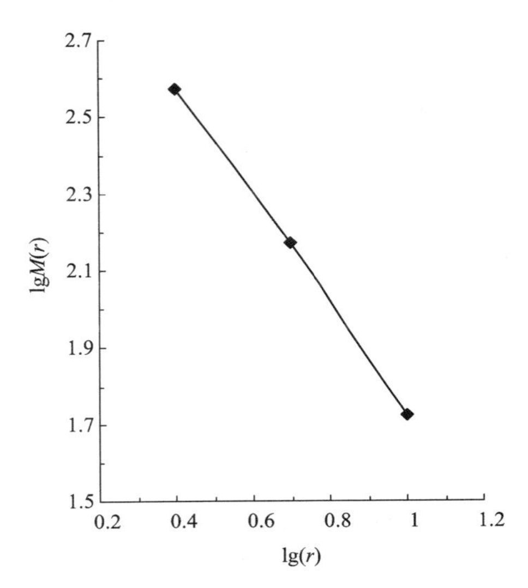

图 6 -8　元宝山地区北东向线性构造分形分维值图

将不同类线性构造的分形分维值列于表(表 6 -6)，综合各个数据表可以看出：

(1) 各不同研究范围内的各类线性构造的 $\lg(r)$ 与 $\lg M(r)$ 之间均呈现出较为明显的线性关系，因此，在各研究标度范围内各类线性构造均具有良好的分形分维特征[63, 64, 65]，其回归直线斜率即为线性构造分维值。

(2) 全区线性构造平均分维值为 1.730，表现为最高值，

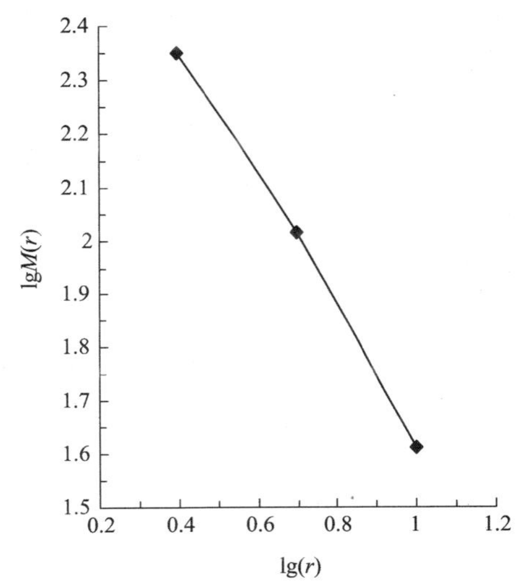

图 6 -9　元宝山地区北西向线性构造分形分维值图

其次为元宝山地区的线性构造分维值(1.419)，但明显低于全区线性构造分维值，元宝山地区北东向线性构造分维值(1.412)与整个元宝山地区的线性构造分维值接近，而明显高于北西向线性构造的分维值(1.221)。

表6-6　线性构造分形分维值统计表

线性构造类别		分维值
全区		1.730
元宝山地区		1.419
元宝山	北东向	1.412
	北西向	1.221

(3)全区线性构造分维值高达1.730，说明该区构造活动非常强烈，曾经历过强烈的构造运动，而元宝山地区线性构造分维值明显低于全区，因此，元宝山地区并不能代表研究区内构造活动最强烈的地带，其在整个研究区范围内应属于构造活动中等强烈区。

(4)从元宝山地区线性构造分形分维值来看，北东向线性构造与元宝山地区线性构造分形分维值接近，而又明显高于北西向线性构造分维值，说明北东向构造为元宝山地区的主导性构造，其强度及复杂性均高于北西向线性构造，这恰好符合该区的大地构造背景。

(5)经前人研究证明[58]，剪切断裂典型分维值为1.1~1.3，而张性断裂典型分维值为1.5~1.6，因此，整个研究区线性构造偏张性，而元宝山地区线性构造分维值为1.2~1.5，则表现为张剪性，但对于该区的北西向线性构造而言则明显表现为剪性特征。

6.2.4　线性构造控矿特点

线性构造[66]与该区成矿关系密切是不争的事实，通过以上对线性构造的分形分析研究，可以看出该区的线性构造具有以下控矿特点：

(1)该区线性构造分形分维值为1.730，表明构造活动强烈，并具有多期多旋回性，因此，对本区成矿提供了非常有利的环境，如温度、压力等，故构造成矿条件十分有利。

(2)通过对元宝山地区的线性构造研究发现，北东向构造为该区的最主要线性构造，其常常表现为规模大、延伸长，是该区最主要的控矿构造。

(3)通过分形分析发现，该区的主导性构造(北东向线性构造)表现为张剪性，因此，构造活动复杂而强烈，在张性和剪性共同作用的复杂环境下，构造成矿条件也非常有利。

(4)对于研究区的不同地带，构造活动的强度不同，其对成矿的贡献率也有所不同，因此，在成矿预测中的权重也会随之而改变。

6.3 环形构造研究

6.3.1 环形构造研究现状

随着人们对遥感影像环形体研究的不断深入，环形构造也作为一种非常重要的找矿信息而日益受到人们重视[67]。一般认为，环形体是由地壳一定深度反映到地表上的地貌景观、地质构造和地球物理场、地球化学场特征的综合反映。将具有地质构造意义的影像环形体泛称为环形构造。它们通常是指各种环形构造岩块(包括岩浆岩块、变质岩块)或其组合，以及环形岩块与线性体复合构成的这样一类地质构造单元。

遥感图像所显示的地面景观中，有许多由色调或线性要素所显示的环形体，它们构成遥感图像中的环形影像(环形构造)。地球上约3/4的金属矿床产于环形构造，据不完全统计，我国已发现的斑岩型铜矿约有80%位于不同规模的影像环形体的边缘部位。甘肃岷县、宕昌环形构造，直径约70 km，由五个中酸性岩体组成，这些环形构造内分布有60余处金属矿床、矿点，且矿产的分布有一定的规律性，即从环心到环边由伟晶岩型的稀有金属、高温热液的钨锡矿→中温热液的铀、铜、铅、锌多金属矿→低温的汞、锑矿床呈环状分布，矿床、矿点主要分布于断裂构造与环形构造的交会部位。国外也有这方面的实例，如加拿大魁北克基性、超基性岩中发现的17个铜镍矿床中，有13个与环形体有关。我国南部的锡矿床也不例外，据前人研究，滇桂锡矿床几乎都对应有遥感影像的环形构造。云南锡矿遥感地质特征的系统研究，进一步肯定了锡矿化集中于环形构造中的复式环形构造，富集于复式环块构造的低级次环，典型的赋锡影像是以环形影像为主体，线性和环形构造规律组合的复合环块构造。

环形构造形态多样、成因复杂，目前也是遥感地质找矿的一个重要研究方面，许多关于环形构造的说法还没有定论，实际工作中还必须结合具体的地质条件等诸多方面进行其成因研究。因此，针对本区锡多金属矿床的特点，展开环形构造与成矿关系的研究，尤其是环形构造与锡多金属矿成矿关系的研究，将具有更为普遍的实践意义。

6.3.2 环形构造特点与形成机制

本研究区环形构造特别发育，与成矿关系也相当密切，也是遥感找矿的重要指示信息之一，其特点主要表现为：

(1)通常在遥感图像上呈圆形、椭圆形、弧形、半圆环形等多种不同形态，其直径为 0.5 ~7 km。

(2)从环形构造的影像特点来看，其主要通过微地貌和影响色调异常表现出来，在 TM752 假彩色合成图像上一般呈正地形、深绿 – 灰黑色调。

(3)通过对比环形构造与已知矿床(点)的产出位置来看，大多数环形构造与已知的矿床(点)空间关系密切，许多矿床(点)均产出在环形构造里面或其周边部位，尤其是分布在环形构造与线性构造的交会部位以及两个或两个以上环形构造的重叠、相交部位。

环形构造成因比较复杂，结合本研究区的地质特征、成矿背景、岩浆岩特征以及环形构造的影像特点，一般认为该区环形构造具有以下几种形成可能：

①由隐伏岩体作用产生；

②由岩体周围的热液蚀变作用产生；

③火山活动形成；

④岩浆活动的结果；

⑤穹状隆起构造。

6.3.3　环形构造提取算法

本次研究工作把环形构造作为一种非常重要的地质找矿信息重点解译、重点研究，尤其是研究环形构造与成矿的关系，环形构造的空间分布对矿床的控制作用。本次利用遥感图像 TM752 进行假彩色合成，不难发现，在图像上环形构造轮廓清晰、层次分明，可解译程度较高。

本次研究利用边缘增强处理方法对环形构造信息进行提取，以突出环形构造的轮廓及边缘信息，目前边缘增强的方法很多，实际操作时采用微分法中的拉普拉斯算子法，用一个 3 ×3 的矩阵对全图像卷积运算，卷积模板如图 6 – 10 所示，同时采用人机交互的方式同步进行解译，以更好地提取出环形构造信息。

$$\begin{vmatrix} 0 & -1 & 0 \\ -1 & 4 & -1 \\ 0 & -1 & 0 \end{vmatrix}$$

图 6 – 10　3 ×3 卷积模板

6.3.4　环形构造控矿规律

本研究区环形构造特别发育，经外业工作发现，该区岩浆活动频繁，有多期次的岩浆侵入，因此，环形构造主要系岩浆活动的结果，其中也有少量的地貌环。环形构造与成矿关系密切，其常常是成矿有利部位的直接指示信息及标志，一方面，环形构造直接表明了岩浆的侵入活动，另一方面，环形构造也间接表明了有利的构造环境(如断裂)，有利于岩浆的侵入，因此，也会有利于成矿元素的富集，岩浆活动常表现为高温、高压环境，因而其影响范围远远大于岩体本身大小，常常会形成由于岩体侵入影响所形成的"晕圈"，从宏观上有利于遥感的识别，尤其是对于那些利用常规的地质方法难于识别或已被剥蚀的岩体，遥感方法的效果就显得更为明显。

本次研究对环形构造的解译与研究也是重点之一，考虑到该区矿床的分布范围，将研究区分为元宝山地区和宝坛地区分别对环形构造进行研究，对元宝山地区和宝坛地区的环形构造分别进行解译，用规则的圆形和椭圆形定性地表示环形构造，用红色的圆点代表矿点，通过解译得到元宝山地区和宝坛地区环形构造与矿点空间分布关系图，如图 6 - 11、图 6 - 12 所示。

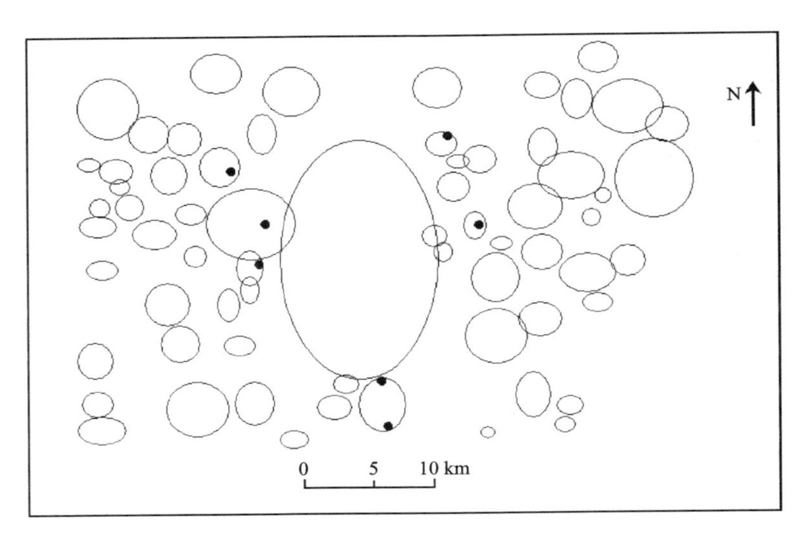

图 6 - 11　元宝山地区环形构造与矿点空间分布关系图

(图中圆点代表矿点位置)

从元宝山地区环形构造与矿点空间分布关系图以及宝坛地区环形构造与矿点空间分布关系图，可以发现以下几个特点：

①本区小环较多，大环相对较少，小环直径为 1 ~ 3 km，大环直径一般为 5 km 左右，个别大环直径约 6 km，其中元宝山岩体表现为一特大环，呈椭圆形，其长轴为 25 km 以上。

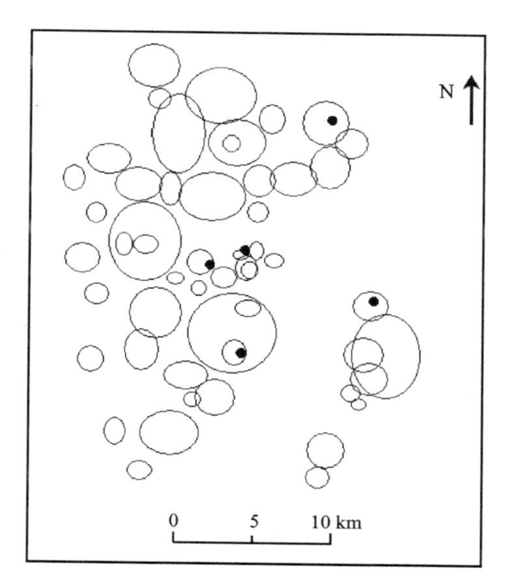

图 6－12　宝坛地区环形构造与矿点空间分布关系图

（图中圆点代表矿点位置）

②环形构造中呈圆形的与呈椭圆形的数量近于均等，其中直径为 5 km 的大型环形构造一般表现为圆形。

③几乎所有已知矿点无一例外地全都落在环形构造里面，矿点受环形构造控制明显。

④大多数矿点都分布在环形构造的边缘部位，仅有少量的落在环形构造的近中心部位。

⑤矿点与小型环形构造关系密切。不难发现，大多数矿点均落在较小的环形构造里面，这些环形构造直径一般在 3 km 以下，而一些大型环形构造控矿特点却不够明显，与成矿关系也显得不够密切。

从以上分析结果可以找出环形构造与成矿的内在关系，对于该区的地质找矿具有非常重要的实践指导意义，因此，可以总结出从环形构造控矿的角度来开展该区找矿的一些思路：

①利用遥感手段对大型环形构造进行解译的同时，重点对小型环形构造的解译与识别，小型环形构造控矿特征明显。

②许多矿点都产出在环形构造的边缘部位，因此，找矿过程中对环形构造的边部应加大勘探力度，比如采样密度加大、钻孔加密等。

③由于岩浆侵入所形成的“晕圈”，对利用遥感方法解译岩体造成了一定的影

响，其圈定范围常常大于实际的岩体范围，因此，找矿工作中应辅以适当的外业工作，实现对岩体的精确圈定。

6.4 小结

遥感信息提取是遥感找矿的关键，针对矿区的具体特点及遥感影像特征，进行各类找矿信息的提取研究显得尤为重要。本章主要针对遥感找矿中常用的三类信息的提取展开了一些研究工作，包括地层 - 岩体信息、线性构造信息、环形构造信息，并用具体的某一矿区进行了实验，达到了预期的效果，同时又对这三类信息的控矿特性进行了初步的探讨与研究。

第 7 章　找矿模型与成矿预测

成矿模式的研究与探讨也常常是矿床研究的内容之一，它是基于对矿床成因的深层次研究，同时也是对矿床形成模式的规律性总结，通过研究矿床在各个不同成矿阶段的成矿方式，形成该类矿床总的成矿模式，对矿床研究及找矿预测具有十分重要的实践指导意义。通过对研究区诸多锡多金属矿床成因的分析研究，并结合部分前人研究成果，初步形成该区的锡多金属矿床成矿模式，为成矿预测提供直接依据。

7.1　成矿模式

本次锡多金属成矿区的突出特点为成矿时代老，大量超镁铁 - 镁铁质岩为锡多金属矿体最主要的容矿围岩，矿体中富含的电气石与雪峰期黑云母花岗岩为典型的富硼花岗岩有内在联系。

目前的研究表明，锡的地球化学行为表现为随着地质历史演化而趋于富集。在寒武纪以前，锡的成矿作用较弱。被认为形成于元古宙的锡矿床和矿化还有：巴西 Rondonia 高原中的锡矿床和矿化被认为其与大陆地壳裂开前的热点有关；美国密苏里州旧金山的锡矿化被认为是元古宙热点和北东向早期大陆裂谷的产物。这两个地区的锡矿化主要为云英岩型锡矿化，还有伟晶岩型和石英 - 黄玉脉型锡矿化，局部锡石与黑钨矿、铌铁矿、钽铁矿共生，但这两处前寒武纪的锡矿化只具有科学研究意义，并无良好的经济价值。而本研究区的锡多金属矿床成矿规模之大，在前寒武纪居于首位，它与扬子古陆西缘的岔河 - 沪沽锡矿带构成了一个经济价值很高的锡矿成矿省。该区不仅发育有云英岩型锡多金属矿化，而且最重要的锡多金属成矿类型是石英 - 电气石型和锡石硫化物型。九万大山 - 元宝山地区和岔河 - 沪沽地区则位于大陆边缘裂陷槽外侧的挤压带，这种挤压造山隆起环境也可能是大量锡矿化在前寒武纪成矿的有利条件之一。

在九万大山 - 元宝山地区，锡多金属矿床与超镁铁 - 镁铁质岩有着密切的内在联系。一些学者认为超镁铁 - 镁铁质岩是锡多金属矿床的成矿母岩，锡、铜等成矿物质是经熔离作用从岩浆中分离或经超镁铁 - 镁铁质岩的预富集，在雪峰期岩体作用下再活化成矿的；还有一些学者认为超镁铁 - 镁铁质岩是锡多金属矿床的有利围岩。

本次研究工作在野外地质调查的基础上，总结前人的研究成果，发现锡多金属矿床的形成与超镁铁－镁铁质岩在时空上具有显然的不协调性；前者为四堡期的一套喷出－超浅成侵入杂岩，锡多金属矿床是雪峰期形成的，其有规律地分布于雪峰期黑云母花岗岩的周围，尤其在黑云母花岗岩体的隐伏隆起部位；锡多金属矿床的矿物组合、元素组合及同位素特征均显示出与花岗质岩石的良好继承演化关系，从黑云母花岗岩体向外以及从成矿裂隙向外，均表现为酸性组分和岩浆水比重降低、基性组分和大气降水比重增高的趋向。同时，研究区内的超镁铁－镁铁质岩比同类岩石富含有1～2倍锡元素，表明这些围岩在成矿过程中能够提供丰富的成矿物质，有利于形成规模较大的锡多金属矿床。

本研究区锡多金属矿化与雪峰期重熔黑云母花岗岩的形成和多阶段侵位及分异作用密切相关，黑云母花岗岩由四堡群及更老的地层重熔而成，四堡群的超镁铁－镁铁质岩比同类岩石富含有1～2倍锡元素，其重熔形成的岩浆也相对富集锡等成矿物质，在经过四个阶段向上侵位过程中，岩浆本身经历了强烈的分异演化，在后两个阶段由于成矿物质的进一步富集形成了本区的含锡黑云母花岗岩。硼的富集及电气石巢的广泛发育表明本区含锡花岗岩的形成。

另外，由于元古宙地层含矿元素分布的不均一性，在九万大山－元宝山成矿区，雪峰期锡铜多金属矿化的分布也是相当不均一的。西部宝坛地区以电英岩型锡铜矿化为主，东部九毛地区则以锡石硫化物型锡矿化为主。从成矿元素的空间分布特征来看，除主成矿元素Sn外，其伴生元素具有：东部多铜，西部多铅、锌、锑；北部的锡铜比值小于1，南部锡铜比值大于1的特点。在北部有：杆洞铜（锡）矿床和甲龙屯铜－锡矿床，南部的两大矿田则以产锡为主，而以产铜为辅。

综上，九万大山－元宝山地区与雪峰期黑云母花岗岩有关的锡多金属矿床的成矿模式可概括为：雪峰期，本区为一个挤压环境，由四堡群及更老的地层重熔而形成的黑云母花岗岩向上侵位，在挤压环境下，岩浆本身经过强烈的分异演化，在岩浆的侵位过程中呈现出多阶段特征，在后两个阶段由于成矿物质的进一步富集形成了本区的含锡黑云母花岗岩，并在其隆起部位及上部成矿；四堡群地层为成岩成矿围岩，特别是超镁铁－镁铁质岩石，其活性较大，锡、铜、硫等成矿物质含量较高，对锡多金属成矿最有利，而形成矿床、矿点的矿化元素组合均围绕雪峰期黑云母花岗岩体呈有规律的分布。本研究区的锡多金属矿床成矿模式如图7－1所示。

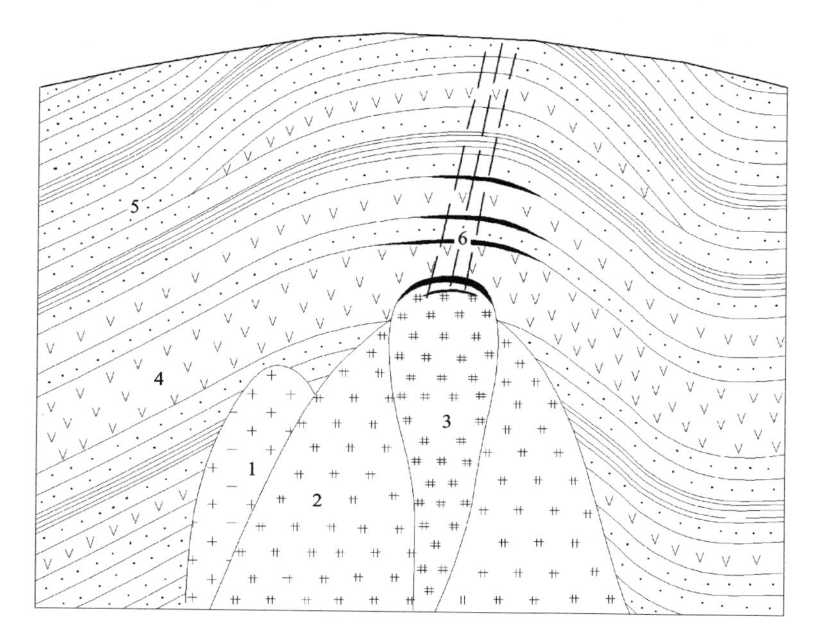

图7-1　桂北九万大山矿集区锡多金属矿床成矿模式图

1—早期片麻状花岗岩；2—中期似斑状花岗岩；3—晚期中细粒黑云母花岗岩；4—镁铁质-超镁铁质岩；5—四堡群；6—锡多金属矿体

7.2　遥感预测找矿模型

7.2.1　建模思路及流程

遥感找矿发展至今，遥感地质工作者在遥感信息找矿模型方面进行了许多有意义的探索[68, 69, 70]。吴顺发曾对岩金矿化区的遥感应用做过专门的总结，并提出了岩金矿化区的遥感解译模型的概念。认为遥感解译模型是以岩金成矿的基本理论为基础，以岩金矿床的主要地质特征为依据，以主要成矿控制因素为内容而建立的专业遥感信息类型的雏形。何国金等也曾对赣东北地区多种遥感影像进行过研究，并提出了该区五种遥感找矿影像模式。

随着人们对遥感找矿模式研究的不断展开，许多关于模型的概念也应运而生，如“遥感地质找矿模型”“遥感信息找矿模型”“遥感找矿模式”“遥感模式”等。名称虽不同但其研究的核心和内容大同小异。一般认为，遥感找矿模型是在当前技术条件下，描述一类矿床形成和保存的一系列遥感找矿标志的组合。我国曾有许多利用模型成功指导找矿的实例，如利用萨布哈成矿模型，发现了吉林浑江柳河石膏矿床以及层间滑动角砾岩型金矿床成因模型的建立，直接导致蓬家夼中－大型金矿的发现等。

本次遥感预测找矿模型依据科学、合理的原则，借鉴前人的诸多成功经验，以研究区的地质背景为基础，运用现代地质学、矿床学[71]以及遥感地质找矿、遥感信息机理等理论，结合本次遥感及地质研究成果，首先建立该区的地质找矿模型，然后，综合遥感图像信息提取成果以及遥感专题信息研究成果，构建该区的遥感找矿模型，其建模流程如图7－2所示。

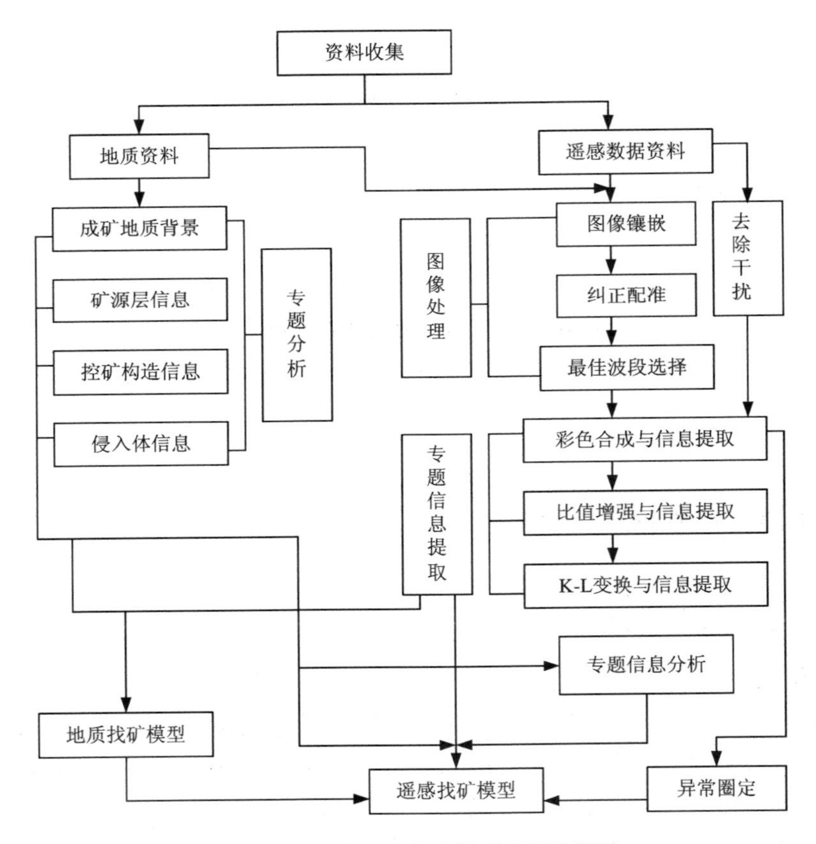

图7－2　遥感预测找矿模型建模流程图

7.2.2　地质找矿模型

地质找矿模型是指矿床形成时各种成矿条件的综合反映，其主要包括成矿地质背景、控矿岩层与矿源层、控矿构造、成矿侵入体等几个方面。

1. 成矿地质背景

本研究区位于江南台隆南缘，夹于广西壮族自治区北部的融水县、融安县和贵州省之间，属传统的扬子准地台、华南加里东褶皱带及桂西印支褶皱带间的过渡区。本区在漫长的地质过程中经历了多次构造运动，其中影响较大的有四堡运动、雪峰运动和加里东运动，印支运动和燕山运动虽然在该区也留有一些痕迹，但不太明显。本区属于九万大山褶穹带，区内自西向东发育有4条较大的断裂，分别为池洞断裂(F_1)、四堡断裂(F_2)、平峒岭断裂(F_3)、三江－融安断裂(F_4)，其近似平行排列，走向北北东，穿过整个研究区内，对本区的区域构造特点起决定性作用。

2. 控矿岩层与矿源层

控矿岩层与矿源层的研究也是建模的一项重要内容。本研究区四堡群是锡、铜、铅、锌多金属矿床的主要容矿围岩，对本区成矿起着决定性作用。四堡群包括文通组和鱼西组，其中文通组岩性段主要包括白云母石英片岩、二云母石英片岩、千枚岩、熔结角砾岩、粉砂岩、板岩、石英片岩和绿泥石白云母片岩等；鱼西组岩性段主要包括绢云母板岩、千枚岩、变质砂岩、粉砂岩、火山角砾岩、集块岩、细碧角斑岩、熔凝灰岩、变质砂岩、粉砂岩、板岩、长石砂岩、钙质砂岩等。

丹洲群对成矿也有一定的作用，有时也提供成矿围岩环境，其包括白竹组、合桐组和拱桐组，其中白竹组岩性段主要包括灰黑色钙质片岩、大理岩、白云岩、变质砾岩、含砾粗砂岩、绢英片岩、千枚岩、花岗闪长岩、灰绿色板岩、变质砂岩、石英砂岩、石英千枚岩、含锡电英岩砾石等；合桐组岩性段主要包括千枚岩、变质砂岩、细碧岩、中基性熔岩、大理岩等；拱桐组岩性段主要包括灰绿色板岩、千枚岩、变质砂岩、粉砂岩、凝灰质、砂层、白云岩等。

各子矿区赋矿围岩及其岩性如表7－1所示，从表中可以看出，四堡群地层为本研究区的主要容矿围岩，对本区成矿起着决定性作用，也为本区找矿的指示信息之一。

表7－1　子区赋矿围岩类型统计一览表

围岩及岩性矿区名称	赋矿围岩	围岩岩性
一洞－五地矿区	四堡群文通组、鱼西组	镁铁质岩、粉砂岩
红岗－沙坪－大坡岭矿区	四堡群文通组、鱼西组	超镁铁质－镁铁质火山熔岩 火山岩
铜聋山矿区	四堡群鱼西组	粉砂岩、砂岩、板岩
九毛－六秀矿区	四堡群文通组	片岩、准科马提岩、花岗岩

续表 7－1

围岩及岩性矿区名称	赋矿围岩	围岩岩性
都郎矿区	四堡群	片岩、花岗岩
九溪矿区	四堡群	片岩、千枚岩、粉砂岩
甲龙矿区	四堡群	粉砂岩、千枚岩
下里矿区	四堡群、丹洲群	片岩、千枚岩、粉砂岩
甲报矿区	四堡群鱼西组	砂岩、粉砂岩、板岩、千枚岩
归柳矿区	四堡群鱼西组	砂岩、粉砂岩、板岩、千枚岩
上坎－下坎矿区	四堡群鱼西组	砂岩、粉砂岩、千枚岩
达言村矿区	四堡群文通组、鱼西组	镁铁质岩、粉砂岩
思耕矿区	四堡群	粉砂岩、板岩

3. 控矿构造

本研究区构造发育，构造控矿特点非常明显，多期岩浆活动均沿断裂构造侵入。由于本区范围较广，不同地区控矿构造又有所不同，因此，根据各个子矿区的主要控矿构造特性，将本区划分为三大块进行控矿构造建模。

①宝坛区：主要包括一洞－五地、红岗－沙坪－大坡岭、铜聋山 3 个矿区。该区矿床主要受背斜控制，如一洞－五地矿区主要受五地倒转复式背斜控制，红岗－沙坪－大坡岭矿区主要受红岗山倒转背斜控制，铜聋山矿区主要受摩天岭和元宝山复式背斜控制。另外，由池洞断裂(F_1)、四堡断裂(F_2)等大型断裂所派生的一系列小型断裂对成矿也起了非常重要的作用，常常为成矿提供有利的导矿和容矿环境。

②元宝山区：主要包括九毛－六秀、都郎、九溪、甲龙、下里 5 个矿区。该区的主导性构造为南北向的元宝山复式背斜，其控制了本区主要岩体的侵位，元宝山黑云母花岗岩就是沿其核部侵入的。在该大型复式背斜里面还发育有次一级的小褶皱以及以北东向、北西向为主的断裂构造，这些次级的褶皱或断裂构造对各子矿区的成矿具有十分重要的作用，常常是导矿和容矿构造。

③思耕－归柳区：主要包括归柳、上坎－下坎、思耕、达言村、甲报 5 个矿区。这些矿区均受摩天岭和元宝山复式背斜控制，该背斜分别控制了摩天岭和元宝山黑云母花岗岩岩基的侵位，另外，由于各个子矿床分别位于摩天岭和元宝山复式背斜的不同部位，如达言村矿区位于摩天岭复式背斜的西翼，因此，复式背斜对各子矿区的成矿作用也不尽相同，同时，该区发育的次一级中小型断裂构造对成矿也起着重要作用，常为主要的导矿构造和容矿构造。

4. **侵入体**

成矿侵入体信息对找矿具有非常重要的指示作用，是地质找矿模型研究的一项重要内容之一，侵入岩体既是成矿的重要因素，也是赋矿的有利部位。

桂北地区岩浆活动比较频繁（表7－2），四堡早期有大量镁铁质－超镁铁质岩浆的喷发和侵入，四堡晚期有本洞、峒马、大寨、洞格、龙有、才滚和香粉等花岗闪长岩体沿北北东向断裂侵位。雪峰期主要有三防、元宝山、平英、清明山、田蓬和良水等黑云母花岗岩岩体的侵入，其中雪峰期酸性岩体为四堡群深层位或及其以下地层重熔形成的岩浆向上侵位冷凝结晶形成的，多为同源岩浆的复式侵入体，与本区内的锡多金属矿床成矿系列在时空上有着密切的成因联系，对锡等成矿极为有利。

表7－2　工区成矿侵入体信息一览表

侵入期次	岩性	侵入体	说明
四堡早期	镁铁质－超镁铁质岩	三防－宝坛 元宝山	三防－宝坛地区以镁铁质岩浆为主； 元宝山地区以超镁铁质岩浆为主
四堡晚期	花岗闪长岩	本洞、峒马、大寨、洞格、龙有、才滚、香粉	最具代表性的中酸性侵入岩体
雪峰期	黑云母花岗岩	三防、元宝山、平英、清明山、田蓬、良水	与锡多金属矿床成矿关系密切

表7－3　工区不同子区成矿侵入体信息一览表

矿区名称＼侵入体	侵入期次	侵入体岩性	说明
一洞－五地矿区	雪峰期	平英黑云母花岗岩	主体中粒、中细粒
红岗－沙坪－大坡岭矿区	雪峰期	平英黑云母花岗岩	主体中粒、中细粒
铜聋山矿区	四堡晚期	花岗闪长岩体	雪峰期岩体对成矿起决定作用
	雪峰期	花岗岩、花岗斑岩	
九毛－六秀矿区	雪峰期	复式黑云母花岗岩基	出露面积约300 m^2
都郎矿区	雪峰期	复式黑云母花岗岩基	经历了两个成岩阶段
九溪矿区	雪峰期	复式黑云母花岗岩基	出露面积约300 m^2

续表 7 - 3

矿区名称 \ 侵入体	侵入期次	侵入体岩性	说明
甲龙矿区	雪峰期	复式黑云母花岗岩基	包含有两个成岩阶段
下里矿区	雪峰期	复式黑云母花岗岩基	矿区位于元宝山岩体北东部外接触带
甲报矿区	雪峰期	摩天岭黑云母花岗岩体、元宝山岩体	复式黑云母花岗岩基
归柳矿区	雪峰期	摩天岭黑云母花岗岩体、元宝山岩体	可划分两个成岩阶段
上坎 - 下坎矿区	雪峰期	摩天岭黑云母花岗岩体、元宝山岩体	复式黑云母花岗岩基
达言村矿区	雪峰期	摩天岭黑云母花岗岩体	复式黑云母花岗岩基
思耕矿区	雪峰期	摩天岭黑云母花岗岩体	复式黑云母花岗岩基

本研究区各子区内岩浆岩如表 7 - 3 所示，从表中可以看出，雪峰期黑云母花岗岩体对本区成矿起着决定性作用，是主要的成矿侵入体，本区内大多数矿床都受该岩体的控制。因此，对本研究区的找矿工作而言，雪峰期黑云母花岗岩体是一个很好的指示信息及找矿切入点。

7.2.3 遥感找矿模型

基于地质找矿模型，并针对遥感能够在该区实现理想解译的信息，包括遥感蚀变信息、成矿侵入体信息以及控矿构造信息，建立起该区的遥感找矿模型。

1. 遥感蚀变信息

遥感蚀变信息标志也是遥感找矿的重要研究内容之一，其主要取决于围岩蚀变的类型及强度。综合考虑各类围岩蚀变类型以及各种干扰因素，本次研究采用的遥感蚀变信息提取方法主要有：假彩色增强法、主成分分析法、波段比值法、波段组合比值法、彩色分割法以及其中多种方法的复合使用。

在遥感蚀变信息提取的过程中，对植被覆盖的影响及绿泥石化等信息作了重点考虑。利用最佳植被指数 TM4/TM3 提取植被信息；利用富含 OH^- 或碳酸根的绿泥石、白云母、方解石等常见蚀变矿物，在陆地卫星 TM5 波段存在反射峰，在 TM7 波段存在吸收谷的特性；利用含有 Fe^{3+} 的褐铁矿在 TM3 波段存在反射峰，在 TM4 波段存在吸收谷的特性，将蚀变信息进行有目的、有重点的提取。

通过对各个子矿区信息提取不难发现，植被、地形、地貌等信息得到了明显压抑，矿化蚀变信息得到了显著增强，在矿化蚀变信息提取图像上一般呈比较鲜艳、显眼的色调，如鲜红色、紫红色、紫色、黄色等，其色调的深浅与矿化蚀变的强度有关，矿化蚀变区域一般呈不规则的斑状或零星的斑点，其分布范围也同样随着矿化范围的改变而不同。

经过增强后的矿化蚀变信息在遥感信息提取图像上较容易识别：

其一，其色调鲜艳、显眼，视觉效果好，有利于肉眼的直接识别；

其二，其形状不够规则，呈斑状、斑点状或其他不规则形状，从整个区域来看，其分布范围相对较小，没有出现大面积分布的情况；

其三，大多数已知矿点都位于矿化蚀变区域内，由已知推断未知，即可对整个矿化区范围做出判断；

其四，其分布区域与地形、地貌关系不大或者说根本不受地形、地貌影响，在地形、地貌信息受到明显压制的情况下，矿化蚀变信息仍然得到了显著增强；

其五，通过综合对比分析发现，部分矿化蚀变区与水系关系比较密切，有出现沿河流或小溪周边或沿岸矿化分布的情况，因此也不可忽视水系对矿化蚀变的影响。

2. 侵入体信息

利用遥感图像的宏观性可以对成矿侵入体进行有效的识别和研究。本次利用遥感影像图 TM4/TM3、TM5、TM2 进行假彩色合成(彩图 31)，不难发现，比较典型的雪峰期元宝山花岗岩体得到了明显增强，在图像上呈半月状，中间宽两头尖，呈棕褐色、蓝色。在该岩体周围还分布有许多小岩体，尤其是在元宝山岩体的西北角，由于构造非常发育，小岩体分布也十分密集，在断裂的交会部位，常常可以看见几个小岩体组合而成的岩群，其中小岩体一般呈圆形、椭圆形、半圆环形等形状，另外，由于植被、风化物、第四系土壤等覆盖的影响，圆环外部轮廓线局部比较隐晦，因此，只能根据圆环的大致形状，采用人机交互解译的方式将圆环轮廓线勾绘出来。

本研究区侵入体在遥感影像上多呈环状或近环状，从遥感图像上可以看出，环形直径从 0.5 km 至 7 km 不等，其中大多数环形直径为 1.5 ~ 3 km，在遥感影像图上主要通过微地貌或影响色调异常表现出来，如在 TM752 假彩色合成图像上一般呈深绿色、蓝色、黄色等色调，正地形；在 TM4/TM3、TM5、TM2 假彩色合成图像上呈棕色 - 褐色色调，负地形。另外，沿环形四周常分布有环状或放射状的水系，使圆环周围常出现梳状的、近等密的条带，条带一般呈亮白色、浅绿色、蓝色等色调，因此，在卫星遥感图像上比较容易识别，同时也有利于对环形侵入体的识别和判断，可以作为环形侵入体有效识别的依据之一。环形侵入体空间关系复杂多样，通过总结归纳主要有相离关系、相切关系、相交关系、大环套小环(包含关系)等多种空间关系，局部还有出现一个大环中套有多个小环的情况，这些均为环形构造不同成因所致。

3. 控矿构造信息

控矿构造信息是遥感建模的一项重要内容之一，其在遥感图像上最明显，也最容易识别，一般采用目视解译法，但有时也会用人机交互解译的方式进行。

本次研究利用 TM752 假彩色合成图像对控矿构造进行识别和解译，在遥感图像上该类构造一般呈缝合线状、细带状，并且视觉效果比较理想，通常呈正的突出，从总体来看，其与两旁地形有明显的不同，在 TM752 假彩色合成图像上其颜色色调一般较深，通常为灰色、灰黑色、灰褐色、深褐色等色调，从其空间位置来看，常常切割地形，与山脊或山梁呈相交关系，因此，明显区别于线状地形地貌。

通过解译发现，本研究区线性构造以北东向和北西向为主，其与成矿关系非常密切，常常控制着矿体的产出，而近东西向和近南北向构造次之，另外，一些较小的、次级断裂构造也常常对成矿起着非常重要的作用，许多已知矿床（点）与该类构造空间关系明显，内在成因联系也非常密切。

7.3 成矿预测

7.3.1 主要依据

通过开展大量的野外及室内工作，获得了许多成矿预测有利信息[72-80]，对指导地质找矿具有直接作用。综合起来，此次成矿预测的依据主要包括：

（1）遥感信息提取图像中所表现出的异常区，其常常为矿化蚀变信息的标志，可反映矿化相对强烈地带；

（2）四堡群地层产出区，其通常为锡多金属矿床的容矿围岩，同时，丹洲群地层有时也系容矿围岩，因此，也不容忽视；

（3）构造密集区，尤其是在构造的交会处，成矿环境更为有利，常常为成矿提供导矿和容矿环境；

（4）通过遥感专题信息研究发现，中小型环形构造的近边缘部位常常产出矿床较多，也系成矿的有利部位；

（5）线性构造与环形构造的交会密集区，成矿条件十分有利，因此，也为此次成矿预测的敏感部位。

7.3.2 预测区划分

按照以上成矿预测依据，根据多元信息找矿标志，综合遥感图像处理成果，并对其进行综合分析，本次研究共提出六个成矿预测靶区（彩图 36）。

7.3.3 预测区特征

本次研究共获得的六个遥感找矿预测靶区的特征如表7－4所示。

表7－4 遥感找矿预测区特征简表

预测区	地理位置及面积	地层岩性	构造	遥感蚀变信息	野外检查及评价
Ⅰ	东经109°08′50″～109°17′18″ 北纬25°27′09″～25°32′51″ 面积约147.1 km^2	四堡群片岩、千枚岩、板岩、粉砂岩	北东向和北西向断裂构造均非常发育	矿化蚀变呈斑点状分布，同时沿水系两旁亦有零星分布	区内已发现有甲龙、天友、芝东等多处锡、铜、铅、锌矿床（点），具有良好的找矿前景
Ⅱ	东经109°15′05″～109°21′29″ 北纬25°18′57″～25°25′08″ 面积约120.9 km^2	四堡群片岩、千枚岩、科马提岩	以北东向为主，并发育有南北向构造	蚀变呈块状、条带状，分布范围较广，多沿线性构造带分布	预测区内有多个已知矿床（点），其中九毛－六秀锡矿床规模最大，为此区最典型的锡多金属矿床
Ⅲ	东经109°04′48″～109°09′39″ 北纬25°18′14″～25°25′55″ 面积约112.3 km^2	四堡群砂岩、粉砂岩、粉砂质板岩以及千枚岩	主要发育有北东向断裂构造	呈紫黑色、条带状，与线性和环形构造空间关系非常密切，常分布在其重叠交会部位	区内有归安、归柳、大东江等中小型矿床（点），野外检查发现，蚀变主要为硅化、黄铁矿化、方铅矿化、闪锌矿化、绿泥石化、萤石化
Ⅳ	东经108°50′32″～108°57′01″ 北纬25°17′21″～25°26′30″ 面积约180.8 km^2	四堡群砂岩、粉砂岩、板岩以及千枚岩	以北东向和北西向两组断裂构造为主	呈橘红色、断续带状，沿北东向构造带分布明显，蚀变分布范围比较广泛	区内有甲报、上坎－下坎等矿床，其中部分矿体产于四堡群层间破碎带，并发现有多处金矿民采点，找矿前景良好

续表 7-4

预测区	地理位置及面积	地层岩性	构造	遥感蚀变信息	野外检查及评价
Ⅴ	东经 108°35′47″ ~108°44′49″ 北纬 25°03′21″ ~25°09′02″ 面积约 156.9 km^2	四堡群粉砂岩、板岩以及泥岩	发育有北东、北北东、北西多组构造	呈块状、带状以及斑点状，分布范围广，局部矿化沿水系分布	预测区内有一洞-五地、红岗-沙坪、铜聋山等多个大中型矿床，成矿条件良好，具有找矿前景
Ⅵ	东经 108°31′12″ ~108°37′11″ 北纬 25°17′05″ ~25°25′42″ 面积约 157.1 km^2	四堡群粉砂岩、板岩、杂岩以及泥岩	北东向构造发育，并有少量北西向断裂构造	通常呈块状区域，受环形构造控制明显，在圆环重叠部位蚀变更加强烈	区内有达言村、英洞等中小型矿床(点)，有多组不同方向的构造通过，而且矿化也比较明显，具有较大的找矿潜力

7.4 小结

本章首先对研究区的成矿模式进行了初步的研究与探讨，并结合部分前人研究成果，提出了桂北九万大山地区锡多金属矿床的成矿模式，然后，综合集成多元找矿信息，建立了该区的遥感预测找矿模型，最后，针对本次研究工作的主要任务对研究区进行了成矿预测，共圈定了6个找矿预测靶区，并分别对每个预测区特征进行了介绍，为下一步开展地质找矿提供了直接依据，具有实际指导意义。

第 8 章　问题与建议

8.1　主要问题

本次研究通过野外工作和室内研究相结合的方式进行，通过多种渠道和方法对该区进行了卫星遥感图像处理研究及矿化蚀变信息提取，达到了研究预期的总体要求，取得了一系列可喜的研究成果，但是研究工作中也遇到了一些问题和阻力，对工作的顺利开展及研究的进一步深入造成了一定障碍。

（1）由于本次研究所获得的 TM 图像数据中有一景图像缺失第一波段，因此，经镶嵌后的图像没有利用第一波段数据，而第六波段为红外波段，分辨率太低（120 m），故本次研究只利用了 TM2 ~TM5、TM7 五个波段的数据，图像信息量相对大大减少，而且由于缺少第一波段数据，在做波段比值或主成分分析等研究时对最佳变量的选择受到了严重限制，甚至许多非常有效的方法因此而根本无法进行，对本次研究工作造成了很大影响。

（2）本次研究工作野外调查时没有进行地物的光谱测试，因此，只能借鉴前人在其他工作区对同类地物的光谱测试结果，但是由于不同地区自然景观、地质背景以及矿化蚀变类型及强度的不同，在实际应用中存在一定的误差，对矿化蚀变信息提取效果造成了一定的影响。

（3）由于本研究区属深山密林区，植被覆盖特别严重，而且又没有获得植被的光谱数据值，给卫星遥感信息提取带来了很大干扰，本次研究虽采用了很多的方法来克服这种干扰因素，但效果并不理想，因此，这方面的工作有待于进一步深入和加强。

（4）本次研究仅获得美国陆地卫星 Landsat－5 的 TM 数据，没有获得更高分辨率的其他图像数据，如 ETM 数据、Spot 卫星数据等，因此，卫星遥感图像数据分辨率不太高，而且数据源略显单调。

8.2　工作建议

本次研究工作在取得了一系列可喜成果的同时，对该区开展遥感找矿工作也有了一些新的认识，并取得了一些宝贵的经验，对今后在该区开展同类工作具有实际的借鉴意义。

(1)在条件允许的情况下，对该区地物进行光谱测试，将使卫星遥感图像处理针对性更强，矿化蚀变信息提取效果也更为理想。

(2)利用卫星遥感图像提取矿化蚀变信息的同时，辅助于一些必要的化学探矿和物理探矿工作，综合多种找矿信息进行成矿预测。

(3)本区的大断裂构造常常控制着岩浆的侵位，但是一些次级的或派生的小断裂与成矿关系也比较明显，经常是导矿构造和容矿构造，因此，不可忽视对次级小断裂与成矿关系的研究。

(4)通过遥感图像矿化蚀变信息提取发现，该区的矿化分布与水系有一定的空间相关关系，许多矿化区都分布在水系的两旁及其沿岸，因此，在今后的找矿工作中也同样不可忽视对水系与矿化分布关系的研究。

(5)本研究区线性构造与环形构造复合控矿特征明显，在线性构造与环形构造的叠合区常常具有较好的成矿环境，因此，这些部位也是今后进行找矿工作的敏感区及首选部位。

结束语

随着矿产资源的不断消耗以及找矿难度的不断加大，人们迫切需要运用新的技术手段来开展新形势下的找矿工作，遥感技术由于其独特的优势，发挥着重要作用，产生了良好的社会效益和经济效益。

本次研究区属深山密林区，植被覆盖严重，运用传统的地质找矿方法效果差、周期长、成本高。因此，利用现代遥感技术方法和手段指导该区的找矿工作可收到良好效果。

本次研究将美国陆地卫星 Landsat－5 的 TM 多波段数据作为数据源，利用遥感软件对工作区图像进行处理，并提取出矿化蚀变信息，从而达到成矿预测的目的。首先，收集了该区的地质资料以及遥感图像数据资料，并对图像进行预解译；然后，通过外业工作对重要的地质现象及矿（化）点进行了检查；最后，开展了遥感图像的综合处理与研究，将本研究区分为 13 个子区分别进行处理和解译，利用主成分分析、波段比值、掩模、彩色密度分割等多种遥感图像处理方法对矿化蚀变信息进行了提取，从而产生了一批矿化蚀变异常区，同时对三类遥感找矿信息进行了专题研究，揭露了其成矿与控矿特点。另外，综合遥感图像处理成果，结合研究区已有地质资料，建立了地质找矿模型和遥感找矿模型，形成了工作区地质找矿的总体框架，并通过对矿化蚀变信息、控矿构造信息、矿源层以及区域地质背景等多元找矿信息的深入分析与研究，提出了找矿远景预测靶区，极大地拓展了工作区的找矿思路与找矿方向，为该区矿产资源的可持续发展提供了重要的科学依据。

取得的主要认识与成果如下：

（1）根据本次研究工作的总体目的和要求，将本研究区划分为 13 个子区进行研究，利用专业遥感软件分别对每个子区进行了专题信息解译及矿化蚀变信息提取，通过分析研究发现了一些新的异常区。

（2）将本区三类遥感找矿信息进行了全面、深入的专题信息研究，包括地层－岩体信息、线性构造信息和环形构造信息，尤其针对线性构造信息和环形构造信息的提取及其控矿特点进行了研究。

（3）本次研究非常重视多元信息找矿法的实际应用，因此，将本区地质图、遥感解译图以及矿化蚀变信息提取图进行综合集成，从多角度对该区矿床进行深入分析与系统研究，为成矿预测提供了可靠依据。

（4）在充分研究该区地质背景及各类遥感找矿信息的基础上，结合部分前人研究成果，建立了该区的遥感预测找矿模型，包括地质找矿模型和遥感找矿模型两个方面，初步形成了本区总体的找矿框架。

（5）通过综合分析本研究区的地质背景和控矿因素，结合卫星遥感图像信息提取成果，提出了6个找矿预测靶区，对今后该区的地质找矿工作具有十分重要的理论意义和实践价值。

参考文献

[1] 陈述彭. 卫星遥感走近生活. 遥感信息，2002(4)：2－4

[2] 田国良. 我国遥感应用现状、问题与建议. 遥感信息，2003(2)：2－5

[3] 田国良. 我国遥感应用现状、问题与建议(续). 遥感信息，2003(3)：3－7

[4] 李德仁. 论 21 世纪遥感与 GIS 的发展. 武汉大学学报(信息科学版)，2003，28(2)：127－131

[5] 陈松岭，邹海洋，成功. 遥感技术在河南省铝土矿找矿中的应用. 长沙：中南大学，2002

[6] 孟新，姚国清. 内蒙古阿木乌苏地区 TM 图像褐铁矿化蚀变信息提取研究. 遥感技术与应用，1995，10(2)：23－27

[7] 刘刚. 东昆仑五龙沟金矿围岩蚀变的遥感识别. 国土资源遥感，2002(4)：60－62

[8] 张玉君，杨建民. 基岩裸露区蚀变岩遥感信息的提取方法. 国土资源遥感，1998(2)：46－53

[9] 王建君，朱亮璞. 冀东地区金矿地质遥感信息提取方法研究. 地质与勘探，1998，11(6)：29－32

[10] 王志刚，郭子祺，马超飞. 多覆盖地区花岗岩接触带及其控矿特征的遥感研究. 国土资源遥感，1998(2)：41－45

[11] 张天义，朱嘉伟. 东秦岭地区浅隐花岗岩体遥感识别模式. 河南地质，1996，14(4)：287－291

[12] Lixin Wu，Chengyu Cui，Naiguang Geng，etal. Remote sensing rock mechanics (RSRM) and associated experimental studies. Rock Mechanics and Mining Sciences，2000(37)：879－888

[13] 张宗贵，王润生，郭小方，等. 基于地物光谱特征的成像光谱遥感矿物识别方法. 地学前缘，2003，10(2)：437－443

[14] Floyd F Sabins. Remote sensing for mineral exploration. Ore Geology Reviews，1999(14)：157－183

[15] Kong Lingwang，Zhu Yuanhong，Kurt Muenger，et al. Wide-band multi-spectral space for color representation. Geo-spatial Information，2003，6(2)：69－74

[16] Larry Biehl，David Landgrebe. MultiSpec—a tool for multispectral-hyperspectral image data analysis. Computers & Geosciences，2002(28)：1153－1159

[17] 陈毓川，毛景文，等. 桂北地区矿床成矿系列和成矿历史演化轨迹. 广西：广西科学技术出版社，1995

[18] 李人科，骆良羽，李泽世，等. 广西锡矿. 北京：地质出版社，1993

[19] 王思源，黄民智，陈志雄，等. 桂北及桂东北锡多金属隐伏矿床预测. 北京：地质出版社，1994

[20] 刘坚. 浅谈矿产资源可持续发展. 有色金属, 2003(55): 39－41

[21] 梅安新, 彭望琭, 秦其明, 等. 遥感导论. 北京: 高等教育出版社, 2002

[22] 舒宁. 微波遥感原理. 武汉: 武汉大学出版社, 2003

[23] 朱述龙, 张占睦. 遥感图像获取与分析. 北京: 科学出版社, 2000

[24] 张永生. 遥感图像信息系统. 北京: 科学出版社, 2000

[25] 张钧屏, 方艾里, 万志龙, 等. 对地观测与对空监视. 北京: 科学出版社, 2001

[26] M Schroder, M Walessa, H Rehrauer, et al. Gibbs random field models: a toolbox for spatial information extraction. Computers & Geosciences, 2000(26): 423－432

[27] Arcot Sowmya, John Trinder. Modelling and representation issues in automated feature extraction from aerial and satellite images. Photogrammetry & Remote Sensing, 2000(55): 34－47

[28] R Bernstein, V Di Gesu. A combined analysis to extract objects in remote sensing images. Pattern Recognition Letters, 1999(20): 1407－1414

[29] Shutao Li, James T Kwok, Yaonan Wang. Using the discrete wavelet frame transform to merge Landsat TM and SPOT panchromatic images. Information Fusion, 2002(3): 17－23

[30] C M Chen, G F Hepner, R R Forster. Fusion of hyperspectral and radar data using the IHS transformation to enhance urban surface features. Photogrammetry & Remote Sensing, 2003(58): 19－30

[31] G Simone, A Farina, F C Morabito, et al. Image fusion techniques for remote sensing applications. Information Fusion, 2002(3): 3－15

[32] Axel Pinz, Manfred Prantl, Harald Ganster, et al. Active fusion—a new method applied to remote sensing image interpretation. Pattern Recognition Letters, 1996(17): 1349－1359

[33] 朱亮璞. 遥感地质学. 北京: 地质出版社, 2001

[34] Jennifer Inzana, Tim Kusky, Gary Higgs, et al. Supervised classifications of Landsat TM band ratio images and Landsat TM band ratio image with radar for geological interpretations of central Madagascar. Journal of African Earth Sciences, 2003(37): 59－72

[35] Pat S Chavez Jr, Jo Ann Isbrecht, Peter Galanis, et al. Processing, mosaicking and management of the Monterey Bay digital sidescan-sonar images. Marine Geology, 2002(181): 305－315

[36] 张璇. Corel Draw 10 实用教程. 北京: 人民邮电出版社, 2001

[37] 成功. 广西元宝山地区遥感图像处理与找矿研究. 长沙: 中南大学, 2002

[38] 姬俊虎. 新疆维吾尔自治区库米什—伊热大阪地区 ETM 遥感图处理及信息提取. 长沙: 中南大学, 2002

[39] 陈述彭, 童庆喜, 郭华东. 遥感信息机理研究. 北京: 科学出版社, 1998

[40] 周成虎, 骆剑承, 刘庆生, 等. 遥感影像地学理解与分析. 北京: 科学出版社, 2001

[41] 钱乐祥. 遥感数字影像处理与地理特征提取. 北京: 科学出版社, 2004

[42] 许殿元, 丁树柏. 遥感图像信息处理. 北京: 宇航出版社, 1990

[43] 王日冬, 邢立新. 矿床蚀变信息的遥感提取方法. 世界地质, 2000, 19(4): 397－401

[44] 张远飞, 吴健生. 基于遥感图像提取矿化蚀变信息. 有色金属矿产与勘查, 1999, 8(6): 604－606

[45] Volker Walter. Object-based classification of remote sensing data for change detection. Photogrammetry & Remote Sensing, 2004(58): 225 – 238

[46] Antonio Plaza, Pablo Martinez, Rosa Perez, et al. A new approach to mixed pixel classification of hyperspectral imagery based on extended morphological profiles. Pattern Recognition, 2004(37): 1097 – 1116

[47] Xue hua Liu, A K Skidmore, H Van Oosten. Integration of classification methods for improvement of land-cover map accuracy. Photogrammetry & Remote Sensing, 2002(56): 257 – 268

[48] 章孝灿，黄智才，赵元洪. 遥感数字图像处理. 杭州：浙江大学出版社，1997

[49] H J Buiten, B van Putten. Quality assessment of remote sensing image registration – analysis and testing of control point residuals. Photogrammetry & Remote Sensing, 1997(52): 57 – 73

[50] Biao Chen, Shahram Latifi, Junichi Kanai. Edge enhancement of remote sensing image data in the DCT domain. Image and Vision Computing, 1999(17): 913 – 921

[51] Kie B Eom. Unsupervised segmentation of spaceborne passive radar images. Pattern Recognition Letters, 1999(20): 485 – 494

[52] Christopher Small. The Landsat ETM + spectral mixing space. Remote Sensing of Environment, 2004(93): 1 – 17

[53] 陈松岭，卢福宏，高光明，等. 华北地台北缘内蒙古段金矿围岩蚀变的遥感识别. 国土资源遥感，2001(2): 13 – 18

[54] 邱国潮. 内蒙古自治区渣尔泰山地区遥感找矿综合研究. 长沙：中南工业大学，1999

[55] 张满郎. 金矿蚀变信息提取中的主成分分析. 遥感技术与应用，1996，11(3): 1 – 6

[56] 庄培仁，赵不亿. 遥感技术及地质应用研究. 北京：地质出版社，1986

[57] 薛重生，王京名，刘敏，等. 遥感图像构造线性体模式及结构分析. 地质科技情报，1997(16): 57 – 63

[58] 韩喜彬，梁金城，冯佐海，等. 桂东南地区断裂构造分形特征与金银成矿关系研究. 广西科学，2003，10(2): 117 – 121

[59] 冯佐海，梁金城，李晓峰，等. 平桂地区遥感线性构造的分形特征及其地质意义. 地球学报，2002，23(6): 563 – 566

[60] 王东升，汤鸿霄，栾兆坤. 分形理论及其研究方法. 环境科学学报，2001(21): 10 – 16

[61] 朱晓华，王建，陆娟. 关于地学中分形理论应用的思考. 南京师范大学学报(自然科学版)，2001，24(3): 93 – 98

[62] Pinnaduwa H S W Kulatilake, Reno Fiedler, Bibhuti B Panda. Box fractal dimension as a measure of statistical homogeneity of jointed rock masses. Engineering Geology, 1997(48): 217 – 229

[63] E Perfect. Fractal models for the fragmentation of rocks and soils: a review. Engineering Geology, 1997(48): 185 – 198

[64] M N Bagde, A K Raina, A K Chakraborty, et al. Rock mass characterization by fractal dimension. Engineering Geology, 2002(63): 141 – 155

[65] J Barral, M O Coppens, B B Mandelbrot. Multiperiodic multifractal martingale measures. Mathematiques, 2003(82): 1555 – 1589
[66] Carlos J Chernicoff, Jeremy P Richards, Eduardo O. Zappettini. Crustal lineament control on magmatism and mineralization in northwestern Argentina: geological, geophysical, and remote sensing evidence. Ore Geology Reviews, 2002(21): 127 – 155
[67] 杨世瑜，颜以彬，江祝伟. 遥感图像赋锡环块构造机理探讨. 昆明工学院学报，1994，19(6): 1 – 7
[68] 赵玉灵. 遥感找矿模型的研究进展与评述. 国土资源遥感，2003(3): 1 – 4
[69] 赵福岳. 矿源场 – 成矿节 – 遥感信息异常找矿模式法. 国土资源遥感，2000(4): 28 – 33
[70] 张侍威，和志军. 北秦岭构造带(河南段)金、铜遥感地质综合找矿模式研究. 地质与勘探，2003，39(1): 50 – 53
[71] 袁见齐，朱上庆，翟裕生. 矿床学. 北京：地质出版社，1985
[72] 罗允义. 广西铝土矿遥感综合成矿预测及资源总量估算. 地质与勘探，2003，39(3): 58 – 62
[73] 廖崇高，杨武年，徐凌，等. 成矿预测中遥感与地质异常的综合分析——以兰坪盆地为例. 地质找矿论丛，2003，18(1): 66 – 70
[74] 曹新志，孙华山，徐伯骏. 关于成矿预测研究的若干进展. 黄金，2003，24(4): 11 – 14
[75] 赵鹏大，陈建平，张寿庭. “三联式”成矿预测新进展. 地学前缘，2003，10(2): 455 – 463
[76] 刘星，胡光道. 多源数据融合技术在成矿预测中的应用. 地球学报，2003，24(5): 463 – 468
[77] 秦德先，夏既胜，谈树成，等. 广西大厂铜坑锡矿矿体数字化与找矿预测研究. 矿产与地质，2003(17): 316 – 319
[78] 张寿庭，赵鹏大，陈建平，等. 多目标矿产预测评价及其研究意义. 成都理工大学学报(自然科学版)，2003，30(5): 441 – 446
[79] 楼性满，葛榜军. 遥感找矿预测方法. 北京：地质出版社，1994
[80] 黄洁，刘智，尹显科. 西南三江地区矿产资源遥感综合预测方法. 国土资源遥感，2003(3): 54 – 57

彩 图

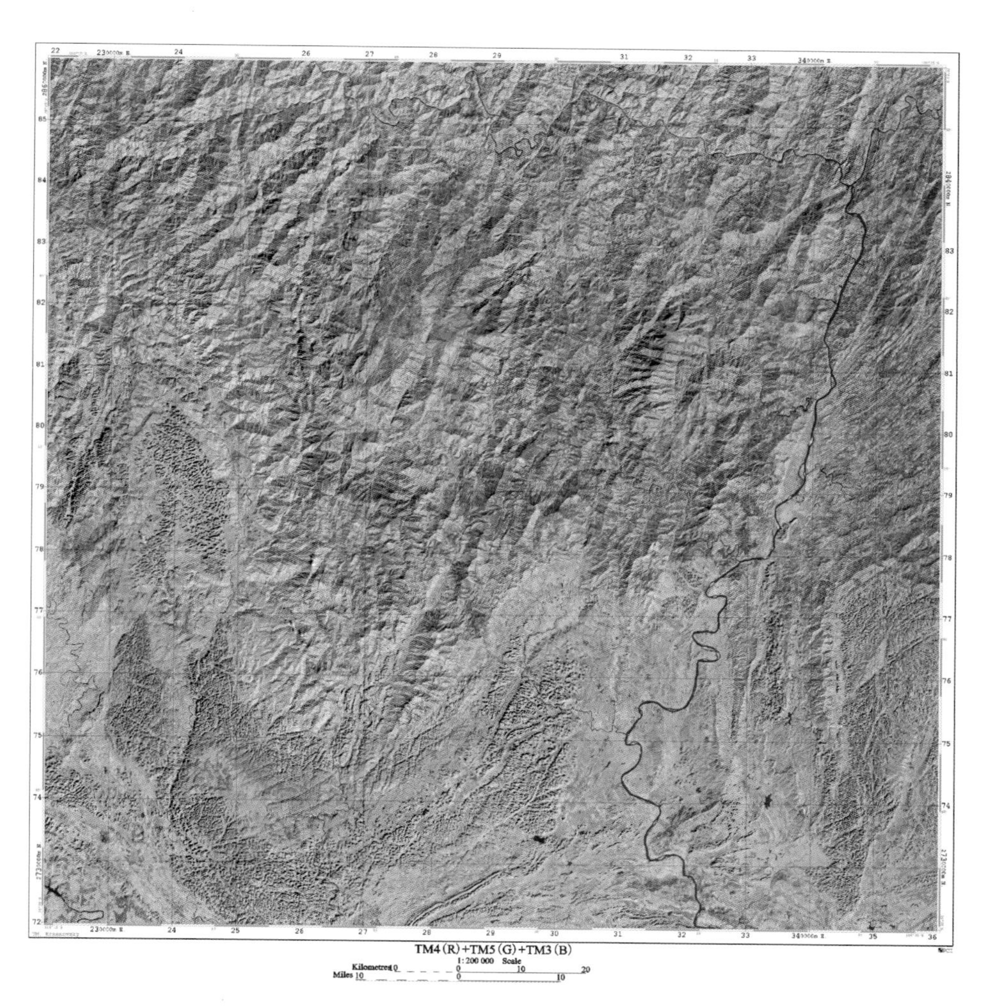

彩图 1 工区卫星遥感假彩色合成图像

彩图 2　一洞－五地矿区卫星遥感假彩色合成图像

彩图 3　一洞－五地矿区卫星遥感信息提取图像

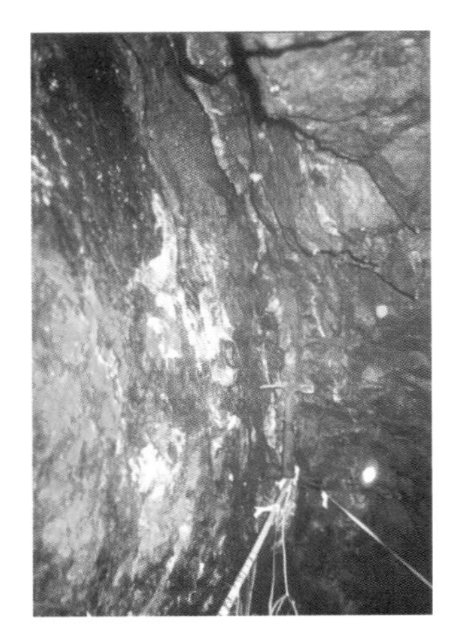

彩图 4　一洞 685 中段锡石矿脉

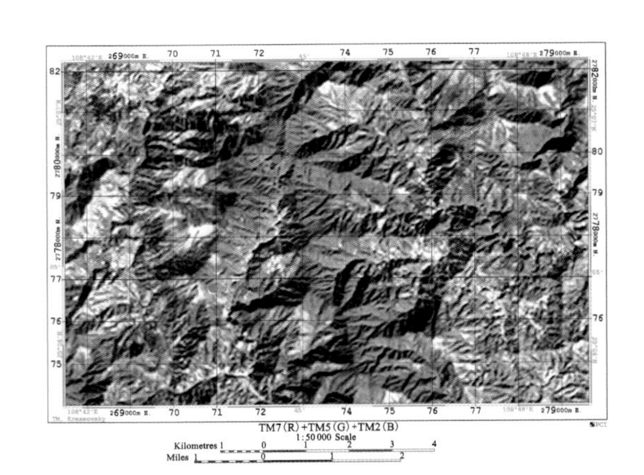

彩图 5　红岗－沙坪－大坡岭矿区卫星遥感假彩色合成图像

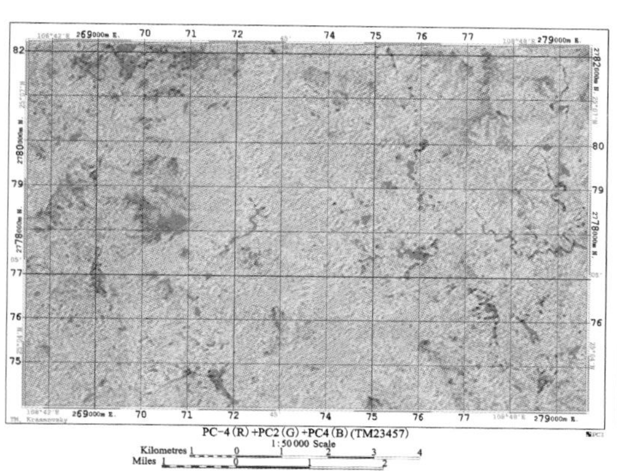

彩图 6　红岗－沙坪－大坡岭矿区卫星遥感信息提取图

彩图 7　铜耷山矿区卫星遥感假彩色合成图像

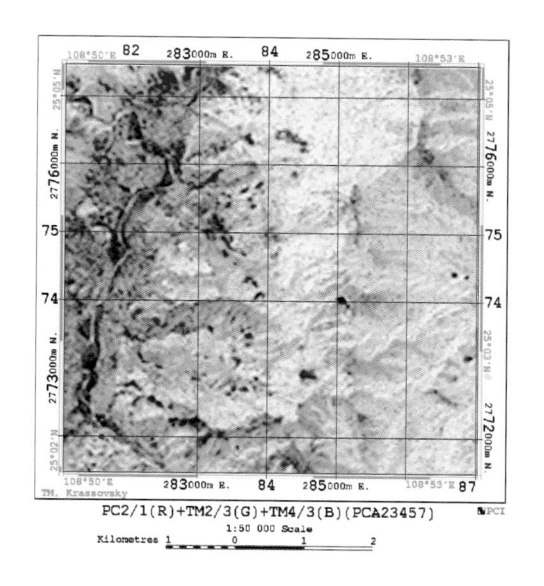

彩图 8　铜耷山矿区卫星遥感信息提取图

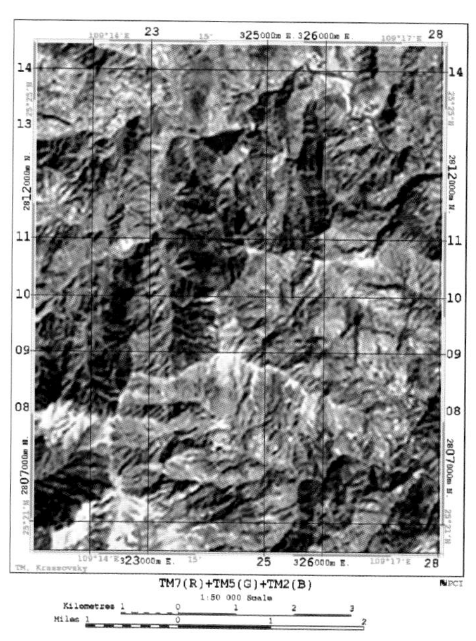

彩图 9　九毛－六秀矿区遥感假彩色合成图像

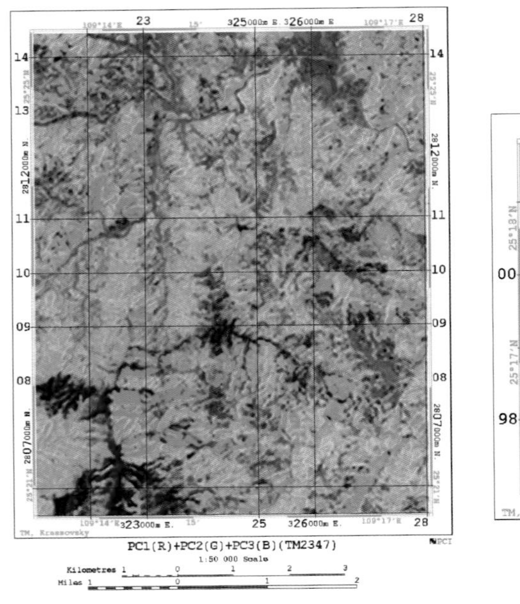

彩图 10　九毛－六秀矿区卫星遥感信息提取图像

TM7(R)+TM5(G)+TM2(B)
1:50 000 Scale
Kilometres
Miles
TM, Krassovsky

彩图 11　都郎矿区卫星遥感假彩色合成图像

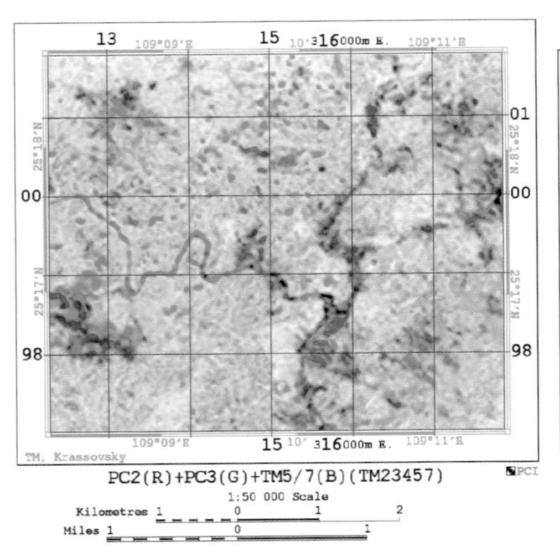

彩图 12　都郎矿区遥感信息提取图

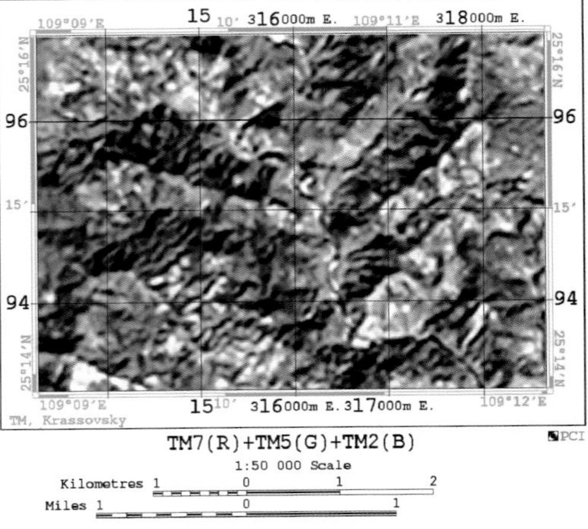

彩图 13　九溪矿区卫星遥感假彩色合成图像

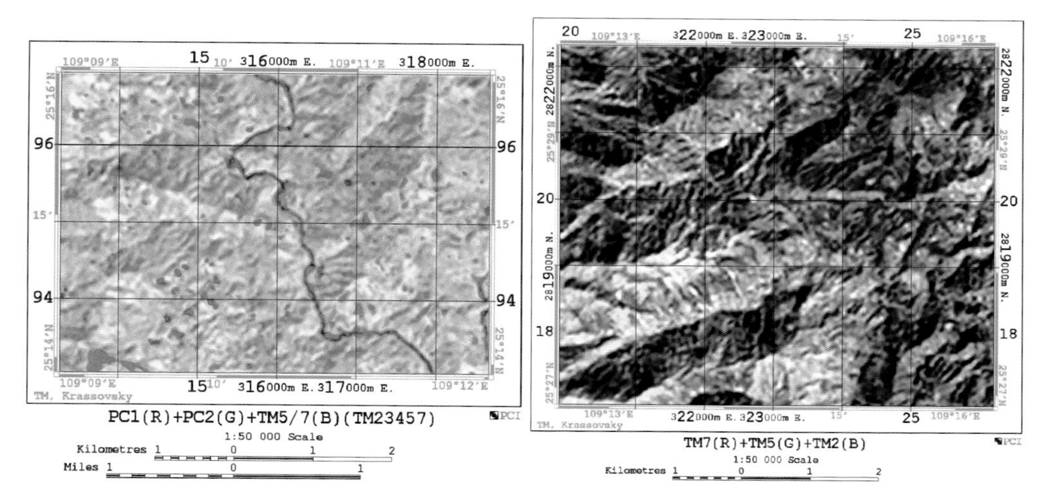

彩图 **14**　九溪矿区卫星遥感信息提取图

彩图 **15**　甲龙矿区卫星遥感假彩色合成图像

彩图 **16**　甲龙铜锡矿坻道口

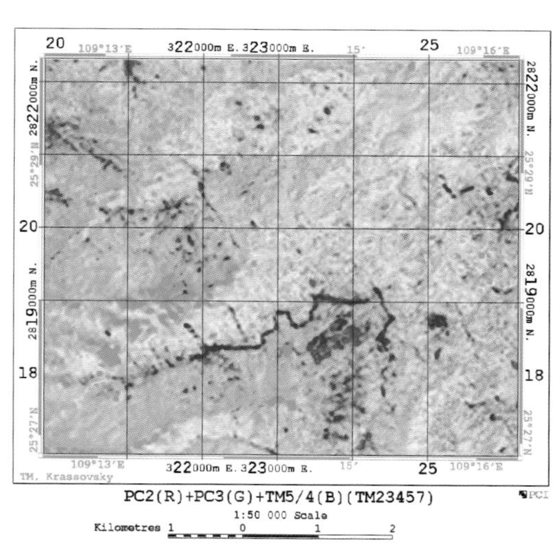

彩图 **17**　甲龙矿区卫星遥感信息提取图像

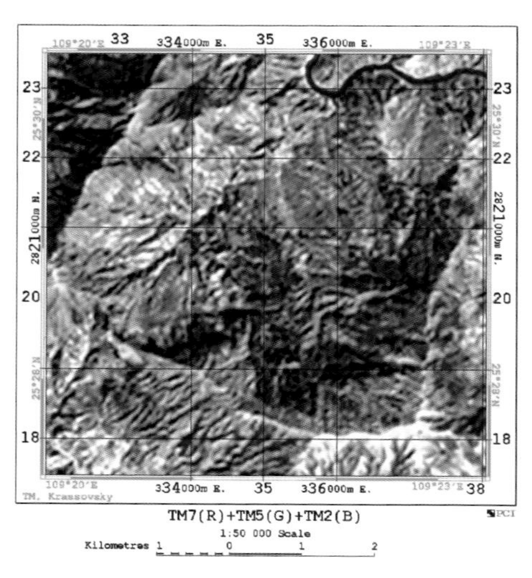

彩图 **18** 下里矿区遥感假彩色合成图像

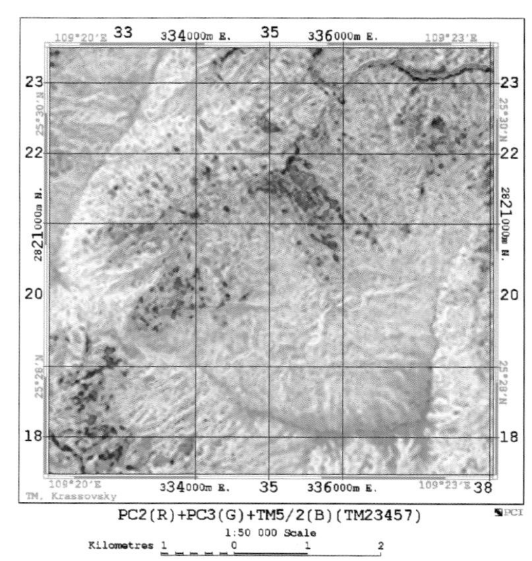

彩图 **19** 下里矿区遥感信息提取图像

彩图 **20** 甲报矿区卫星遥感假彩色合成图像

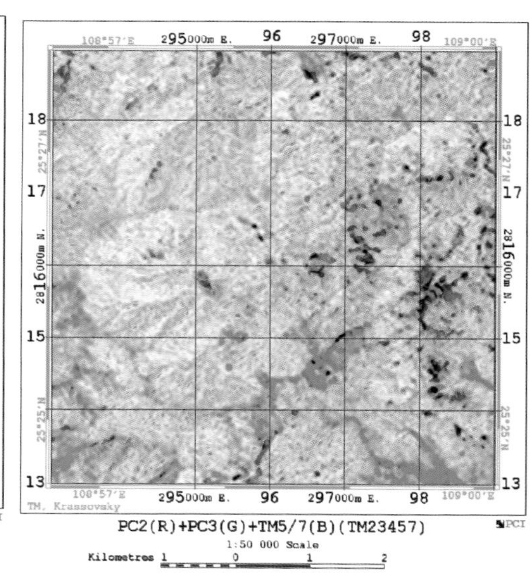

彩图 **21** 甲报矿区卫星遥感信息提取图像

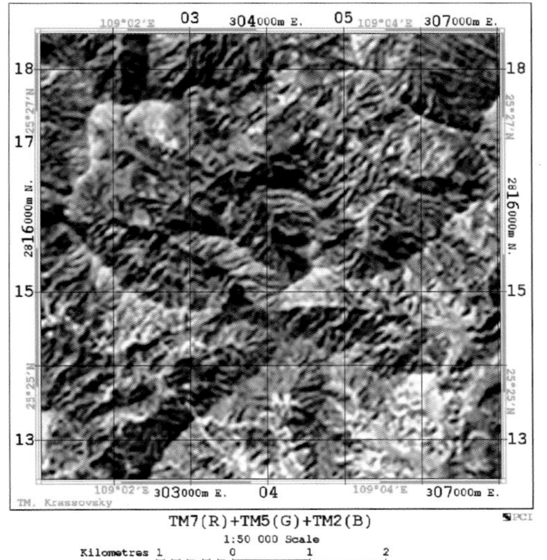

彩图 22　归柳矿区卫星遥感假彩色合成图像　　彩图 23　归柳矿区卫星遥感信息提取图像

彩图 24　上坎 - 下坎矿区卫星遥感假彩色合成图像 彩图 25　上坎 - 下坎矿区卫星遥感信息提取图

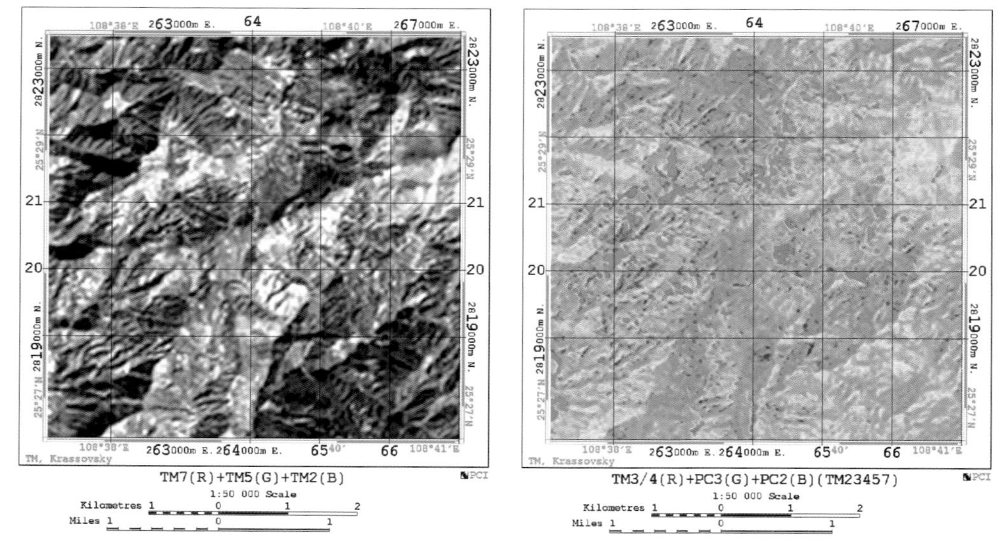

彩图 26　达言村矿区卫星遥感假彩色合成图像　　彩图 27　达言村矿区卫星遥感信息提取图像

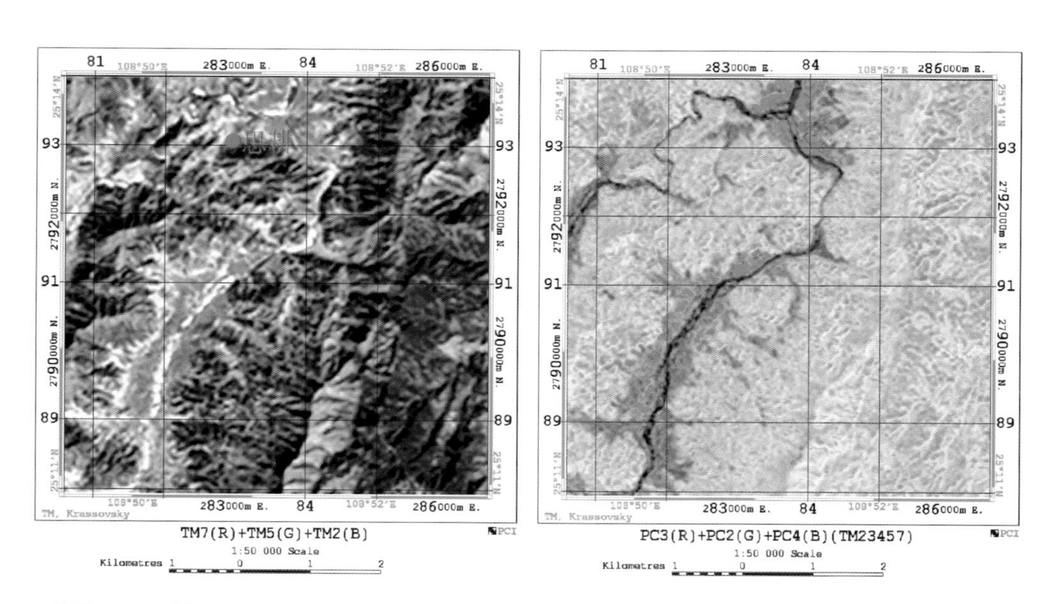

彩图 28　思耕矿区卫星遥感假彩色合成图像　　彩图 29　思耕矿区卫星遥感信息提取图像

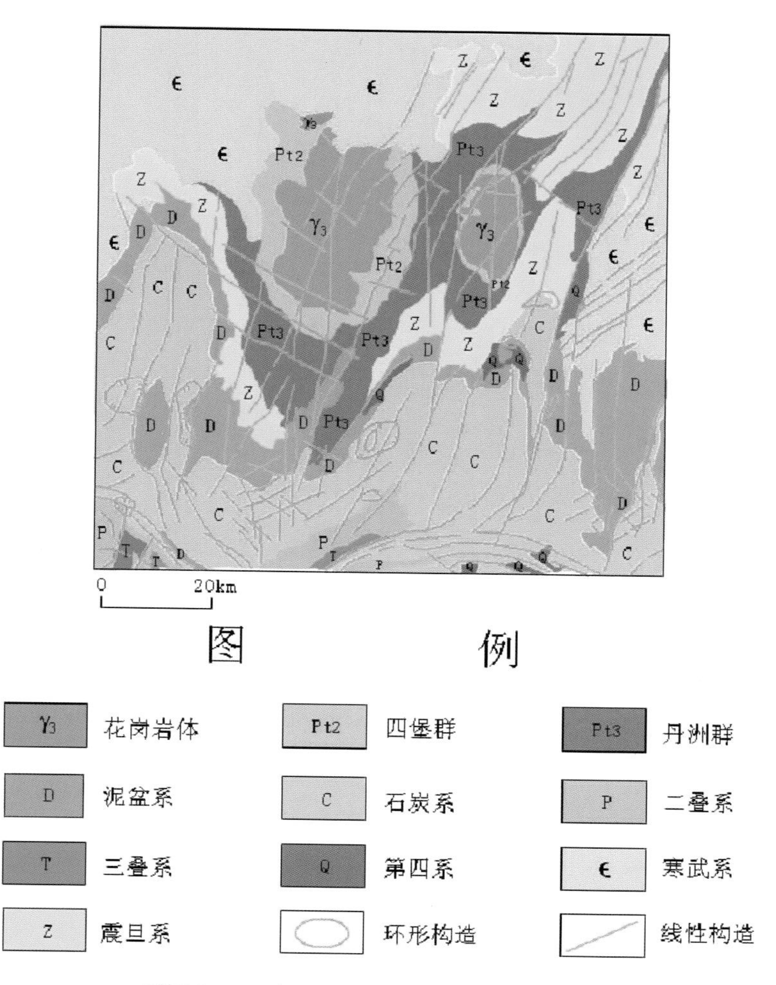

彩图 30 研究区地层－岩体信息综合解译图

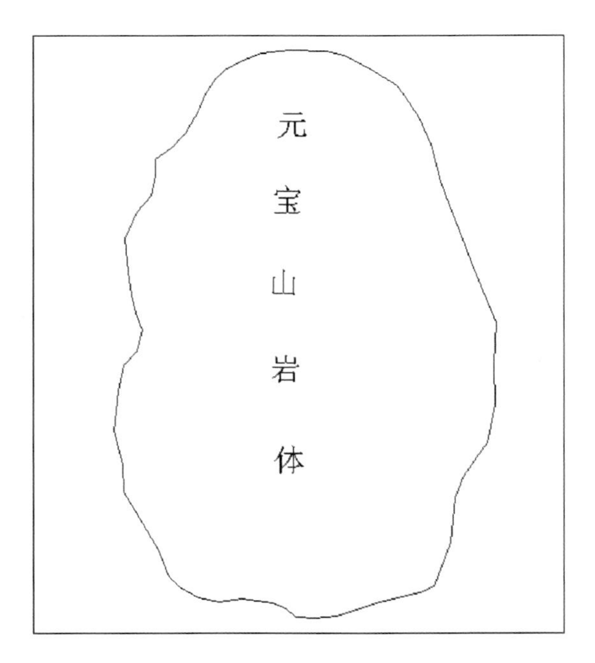

彩图 31　元宝山花岗岩体解译图

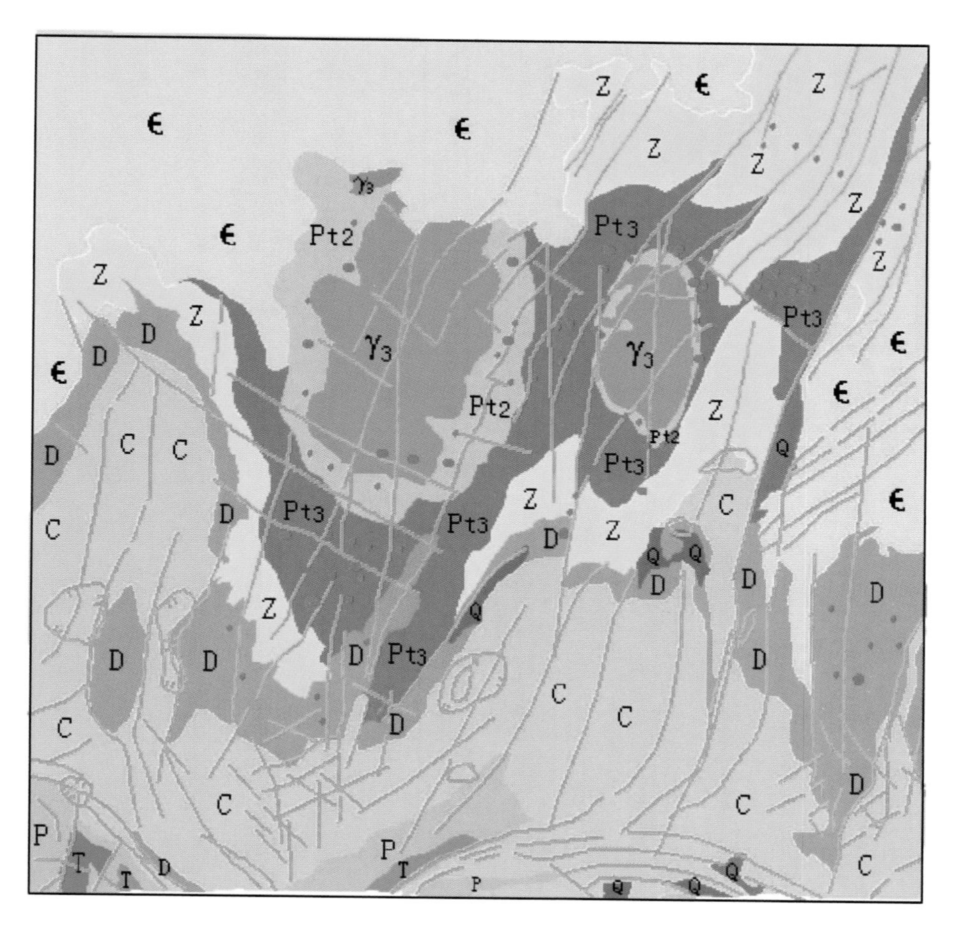

彩图 32　研究区地层与矿床叠加图

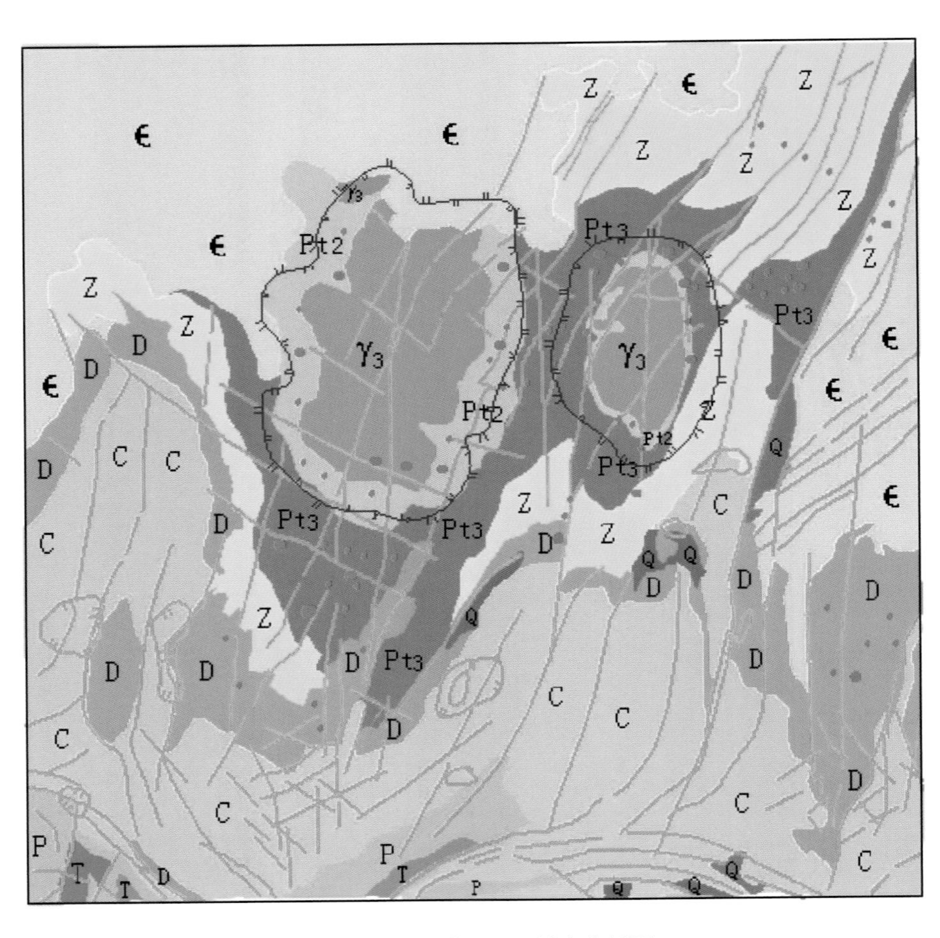

彩图 33　侵入体 5 km 缓冲分析图

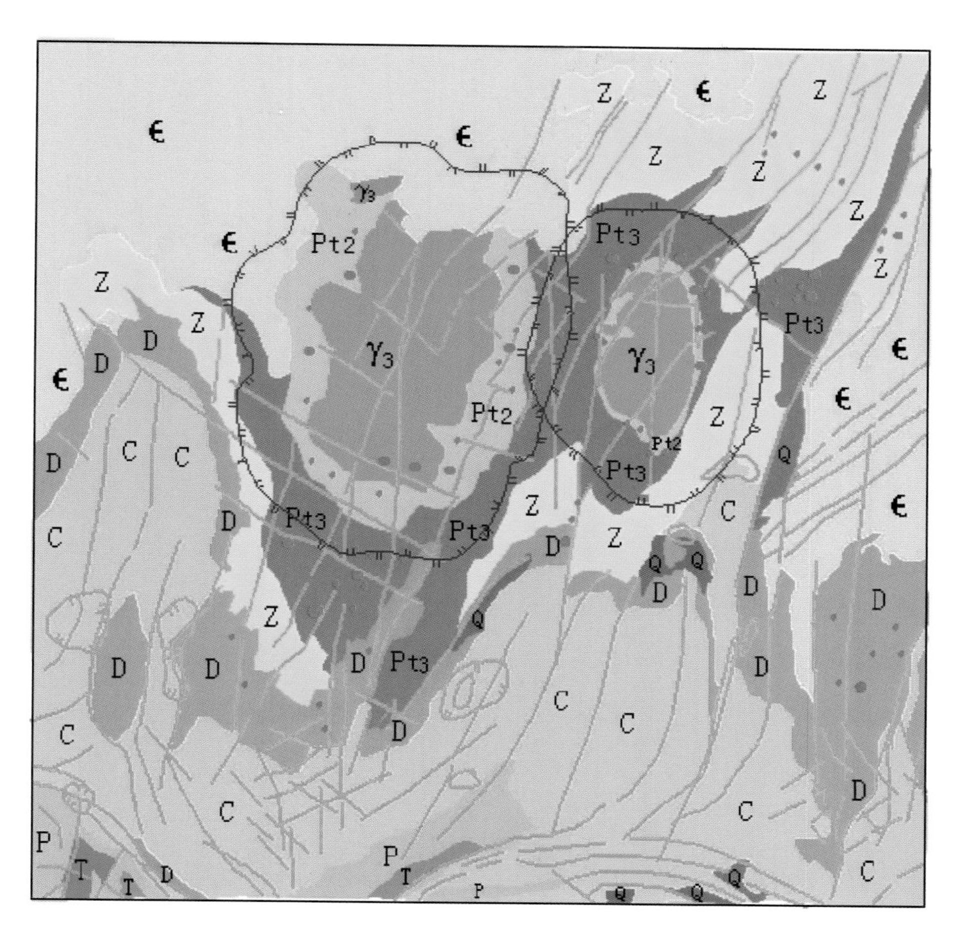

彩图 34　侵入体 10 km 缓冲分析图

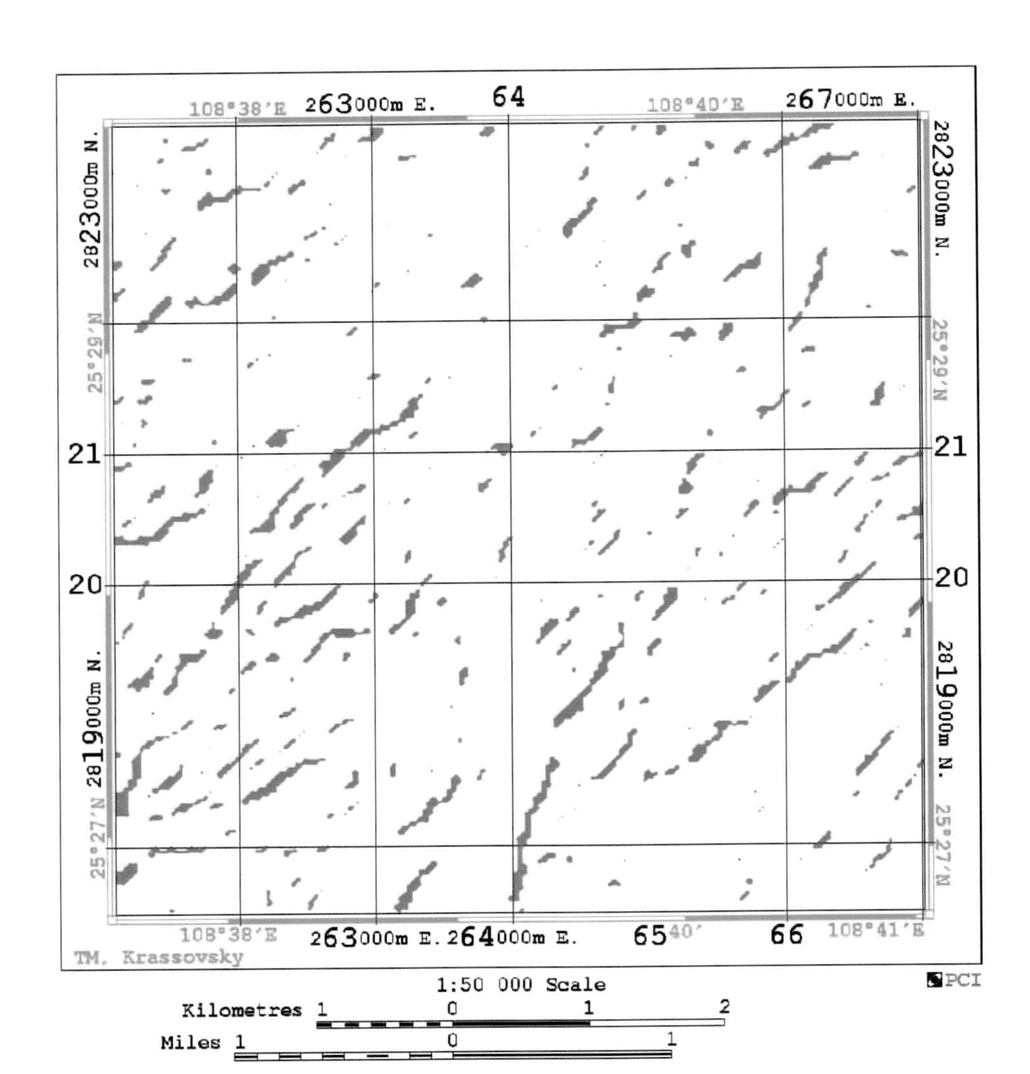

彩图 35　达言村矿区北东向线性构造提取彩色分割图

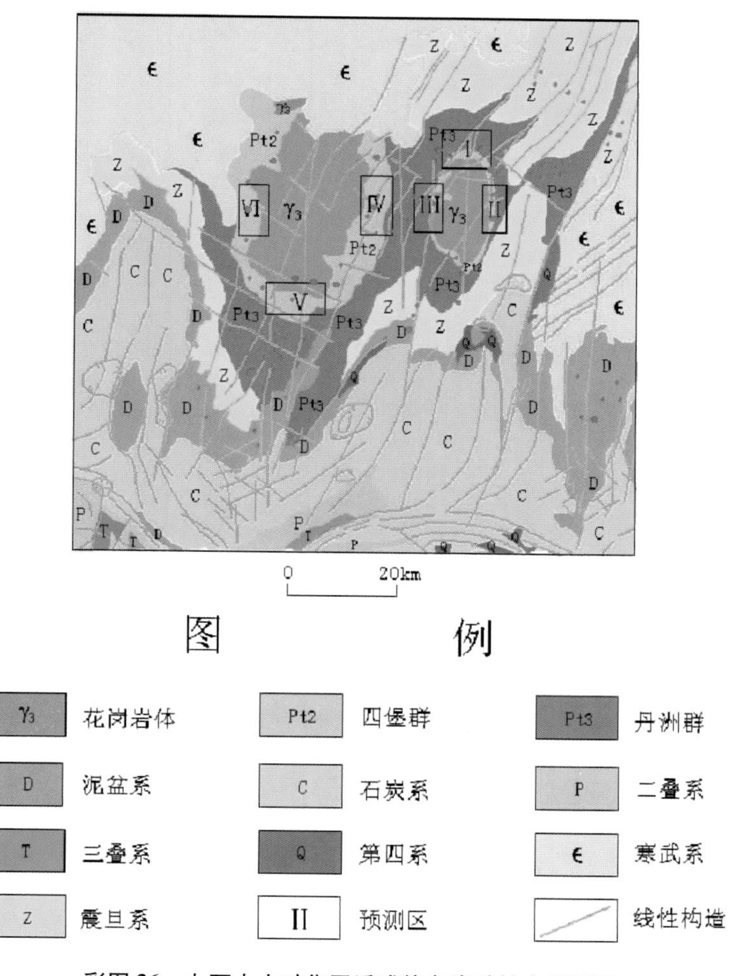

彩图 36　九万大山矿集区遥感信息找矿综合预测图

图书在版编目（C I P）数据

遥感异常识别、找矿模型与成矿预测——以桂北九万大山矿集区为例 / 成永生著. --长沙：中南大学出版社，2017.9

ISBN 978 - 7 - 5487 - 3000 - 2

Ⅰ.①遥… Ⅱ.①成… Ⅲ.①遥感技术—应用—找矿模式—研究—广西②遥感技术—应用—成矿规律—研究—广西Ⅳ.①P62②P612

中国版本图书馆 CIP 数据核字(2017)第 242261 号

遥感异常识别、找矿模型与成矿预测
——以桂北九万大山矿集区为例

YAOGAN YICHANG SHIBIE、ZHAOKUANG MOXING YU CHENGKUANG YUCE
——YI GUIBEI JIUWANDASHANKUANGJIQU WEILI

成永生　著

□责任编辑　史海燕
□责任印制　易红卫
□出版发行　中南大学出版社
社址：长沙市麓山南路　　邮编：410083
发行科电话：0731 - 88876770　　传真：0731 - 88710482
□印　　装　三仁包装有限公司

□开　　本　720 × 1000　1/16　□印张 8.25　□字数 186 千字　□插页 16
□版　　次　2017 年 9 月第 1 版　□2017 年 9 月第 1 次印刷
□书　　号　ISBN 978 - 7 - 5487 - 3000 - 2
□定　　价　46.00 元